프랑스
식도락과
문화정체성

가자, 가스트로노미의 천국으로!

프랑스 식도락과 문화정체성
가자, 가스트로노미의 천국으로!

2013년 1월 15일 초판 인쇄
2013년 1월 20일 초판 발행

지은이 | 김복래
펴낸이 | 이찬규
펴낸곳 | 북코리아
주소 | 462-807 경기도 성남시 중원구 상대원동 146-8 우림 2차 A동 1007호
전화 | 02) 704-7840
팩스 | 02) 704-7848
이메일 | sunhaksa@korea.com
홈페이지 | www.bookorea.co.kr
ISBN | 978-89-6324-278-1 (03590)

값 15,000원

* 이 저서는 국립안동대학교에서 해외파견연구보조금을 지원받아 저술한 책입니다.
* 본서의 무단복제를 금하며, 잘못된 책은 바꾸어 드립니다.
* 이 도서의 국립중앙도서관 출판시도서목록(CIP)은 e-CIP홈페이지(http://www.nl.go.kr/ecip)와
  국가자료공동목록시스템(http://www.nl.go.kr/kolisnet)에서 이용하실 수 있습니다.
  (CIP제어번호 : CIP2012005993)

프랑스
식도락과
문화정체성

가자, 가스트로노미의 천국으로!

김복래 지음

북코리아

프롤로그

"미식가는 예술가이며 시인이다. 미각은 눈이나 귀처럼
섬세하고 완벽하며 존경스런 기관이다."

- 모파상(Maupassant) -

    우리는 프랑스 하면 낭만과 예술, 그리고 식도락gastronomie 이미
지를 떠올린다. 축복받은 육각형 모양의 넓은 땅 덩어리의 다양한
기후와 지형에서 자라는 풍부한 식재료들 덕분에, 유서 깊은 골(프
랑스의 옛 이름) 지역에서는 일찍부터 식도락 문화가 발달했다. '한
번 수저를 들면 내려놓는 데 두 시간은 기본'이라는 프랑스인들. 그
렇다면 먹는다는 것은 하늘이 내린 프랑스인들의 천부적 재능don
inné인가?

    우리는 끼니 때마다 어디서, 무엇을, 어떻게 먹을 것인가를 항상
고민하게 된다. 그런데 과연 우리가 매일 먹는 음식이 한 국가의 정
체성이 될 수 있을까? 만일 식도락과 문화가 불가분의 관계를 가진
나라가 이 지구상에 존재한다면, 그 나라는 단연코 프랑스일 것이
다. 유네스코가 프랑스 식도락을 인류무형문화유산으로 선정한 이

▲ 프랑스 고급요리 오트 퀴진의 프레젠테이션

래, 프랑스의 이러한 미식적美食的 이미지는 대내외적으로 더욱 공고화 되었다. 가령 영국인들은 살기 위해서 먹지만, 프랑스인들은 먹기 위해서 산다고 할 정도로 프랑스에서 식도락은 하나의 예술이고 문화이며, 생의 원리로서 프랑스 사회의 중요한 이슈가 되고 있다.

구제도 말기에 파리에서 레스토랑이 출현한 지 얼마 안 되어 활약하기 시작한 그리모 드 라 레이니에르 Grimod de la Reyniére, 앙토냉 카렘Antonin Carême, 브리아-사바랭 Brillat-Savarin 같은 프랑스인들은 식탁의 즐거움에 대한 새로운 담론을 설파하면서 식도락을 구축한 일등공신들 이다. 19세기 프랑스의 최고요리사들은 특히 외국에서 그들의 재능을 마음껏 발휘함으로써, 프랑스의 고급요리인 '오트 퀴진haute cuisine'의 명성을 국제적으로 널리 알렸다. 또한 프랑스 식도락은 지역요리cuisines régionales를 국민적으로 통합시키고, 또한 외국요리를 프랑스에 동화시키면서 다양한 지역요리를 재탄생시켰다.

이 책은 프랑스 식도락의 역사를 통해, 프랑스 역사와 문화 속에 나타난 식도락과 프랑스의 문화정체성의 상관관계를 살펴보고자 한다. 왜냐하면 프랑스인 식도락은 미각의 역사l'histoire du goût이며 새로운 처세술un nouvel art de vivre인 동시에, 우리 인간과 인류의 역사이기 때문이다.

프랑스 요리는 로마의 식문화에 그 기원을 두고 있다. 프랑스 식도락의 역사는 매우 독특한 특징을 지니고 있다. 프랑스인들은 문명

의 교화와 요리교육의 전파·보급을 위해
서, 요리의 기본적인 요소들을 체계적으로
성문화시켰다. 프랑스는 최고의 요리사인
셰프chef를 양성하기 위해 위대한 요리학파
를 창조해 냈으며, 그 덕분에 고대의 요리
법과 정교한 기술들이 구전과 역사기록을
통해 오늘날까지도 잘 보존되어 있다. 그
럼, 이제부터 그 감미로운 미식의 현장으
로, 맛있는 시간여행을 떠나 보자.

▲ 로마제정시대의 사치와 향락

차례

프랑스인들의 조상은 골(Gaule)?

로마제정시대에는 대식과 지나친 향락문화가 지배적이었기 때문에, 음식의 '맛'보다는 그 음식이 갖고 있는 희소성의 가치나 양이 진가를 더욱 인정받았다. 로마시대의 사치스런 향연은 후대로 계속 이어지기보다는, 제정의 몰락과 함께 소멸의 길을 걸었다. 그래서 로마 식문화의 위대한 유산은 전대미문의 떠들썩한 파티가 아니라, (프랑스 입장에서 보면) 식민지의 산물이라고 할 수 있는 올리브유와 포도주였다. 원래 포도주는 로마의 골(옛 프랑스의 이름) 정복을 통해 프랑스 전역에 전파되었지만, 프랑스인의 조상이라는 골 인들은 정복자인 로마인을 훨씬 능가하는 포도주의 달인(?)이 되었다. 그리하여 훗날 보르도 출신의 몽테뉴가 이탈리아 기행을 하게 되었을 때, 그는 이탈리아의 모든 것을 사랑했지만 고향에 두고 온 보르도 포도주의 향기를 몹시 그리워 했다.

▶ 선사시대의 수렵 장면

　　그리스·로마의 작가들이 남긴 극소수의 문헌을 제외하고는, 골
족의 식문화에 대해서는 후세에 별로 알려진 바가 없다. 로마인은
그리스 식의 '문명인과 야만인'이라는 이분법을 그대로 물려받았
다. 때문에 정복자인 로마인에게 골인의 존재는 단지 경멸스런 미
개인에 불과했다. 그리스의 천문학자 포시도니우스는 "골인이 건
초가 깔린 땅바닥에 그냥 주저앉아, 낮은 테이블을 놓고 식사를 했
다"고 전했다. 또 그리스의 지리학자인 스트라본에 의하면, "골인
들은 고기를 많이 먹는 대식가"였으며, 햄이나 소시지 같은 돈육제
품을 잘 만들기로 유명했다. 로마인들과는 달리 골인들은 요리용
기름으로 올리브유보다는, 버터나 돼지기름을 많이 사용했다. 골
인들은 암소떼를 사육했고 거기에서 갓 짠 신선한 우유를 얻었다.
그들은 주식인 걸쭉한 죽bouille에 우유와 선지 같은 피를 넣었다.
그들은 또한 발효우유의 가치를 높이 평가했다. 골인들은 맥주의
선조격인 '세르부아즈cervoise'[1]를 많이 마셨다. 이 세르부아즈는

──────────

1) 호프를 넣지 않고 보리나 밀로 빚은 골족의 맥주

자칫 배탈이 날 수도 있는 물보다, 건강상 훨씬 안전하다는 이유로, 골인들의 식생활에서 매우 중요한 비중을 차지했다. 오직 경제적 여유가 없는 빈곤층만이 물을 마셨다. 프랑스 북부에서는 맥주 제조법이 상당히 발달했는데, 오늘날까지도 그 비법이 전해지고 있다. 골인들은 깨지기 쉬운 흙으로 구운 손잡이가 달린 항아리 amphore 대신에, 술을 오래도록 보존하고 운반하기에 편리한 나무통을 발명했다. 또한 남부에서는 포도 재배와 포도주 양조법이 발달했다.

로마제정기의 골 지역에서는 이렇게 켈트와 로마 전통이 함께 융합

▶ 골 주택의 내부 모습

됨으로써, 골인들은 로마인들 부럽지 않게 잘 먹고 잘 지낼 수 있었다. 이른바 '로마평화Pax Romana' 체제를 구축한 로마제정이 막바지 사양길에 접어들 때까지, 골과 로마의 이러한 퓨전 전통은 날로 무르익었으며, 이것이 바로 중세요리의 모태가 되었다.

중세

중세(400~1500)에는 봉건질서체제 아래 귀족과 평민사이의 사회적 구분이 엄격했다. 그 결과 대다수 빈자들(농민, 농노)의 희생으로, 소수 특권층(봉건 영주, 귀족, 궁정)이 향유하는 사회·경제적 특권이, 마치 피라미드 구조처럼 '사회적 불평등'을 이루었다. 한편 중세에는 싸우는 사람들(기사), 일하는 사람들(농민), 기도하는 사람들(수도사)이 있었다. 이 삼三신분 계층 가운데 식자층인 수도사들이, 가히 '프랑스의 양대 보물'이라고 할 수 있는 포도주 양조와 치즈의 생산 및 개발 면에서 매우 혁신적인 역할을 수행했다. 그 당시 음식은 사회신분의 상징물이었다. 특히 가난한 중세농민에게 음식은

◀ 매우 창조적인 수도사

더할 나위 없이 귀한 존재였다. 때문에 '먹는다manger'는 행위 그 자체가 바로 신의 은총이며, 일종의 거룩한 성사였다. 당시 농민들은 곡물과 채소의 단순한 소비자인 반면에, 부유층들은 다양한 육류의 소비자였다. 이러한 사회적 간극은 결국 프랑스에서 두 가지 종류의 요리를 발전시키는 모티브가 되었다. 이는 오늘날까지도 프랑스 식도락의 커다란 양대 산맥을 이루고 있는, 바로 '고전요리 cuisine classique'와 '지역요리cuisine régionale'이다.[2]

중세 영주의 푸짐한 식사

돈 많은 귀족들은 고기, 과일, 채소, 향신료 등 다양한 종류의 음식들을 골고루 섭취할 수 있었다. 그 당시 귀족의 식습관은 한

---

2) 참고로 고전요리는 19세기 중엽 프랑스의 위대한 요리사 조르주 오귀스트 에스코피에(Georges Auguste Escoffier)가 기존의 요리방식을 총 집대성하여 발전시킨, 특별한 프랑스식 고급요리(haute cuisine)를 가리킨다. 그는 여러 가지 코스 요리를 선보인 선구자이기도 하다.

▲ 중세 음유시인

번 식탁에 나온 음식이나 식재료를 다시 올리지 않는 것이었다. 가령 수프에 파를 넣었다면, 고기를 굽거나 조리할 때에는 파를 결코 재사용하지 않았다. 또한 중세귀족의 상차림은 식탁 위에 모든 음식을 한꺼번에 차려 놓는 것이었다. 당시에는 식당이 따로 없었기 때문에, 시종들은 넓은 홀에 테이블을 U자로 놓기 위해, 다리가 달린 좁고 긴 나무 사각대tréteaux를 힘들여 날랐다. 성주는 테이블 중앙에, 그리고 그의 옆에는 부인과 아이들이 앉았다. 오늘날 기준으로 본다면 그야말로 눈이 휘둥그레질 정도로 거대한 음식상이 차려졌다. 향신료를 듬뿍 넣은 사슴고기, 피가 흐르는 설익은 멧돼지, 송로 등으로 속을 꽉 채운 구운 새고기, 마늘을 곁들인 비계고기에 이르기까지 셀 수도 없이 많은 양의 음식들을 줄지어 선보였다. 식사는 매우 정교하고 우아하며, 형형색색이었다.[3] 그야말로 상다리가 휘어지도록 차려진 대식가의 진수성찬 repas pantagruélique이라고나 할까? 모든 식사에는 그 지역에서 만든 포도주가 곁들여진다. 디저트로는 타르트(파이), 와플, 과일 등

---

3) 중세에는 요리의 '색(色)'이 무척 중요했다. 요리사들은 음식을 되도록 아름답게 치장하려고 노력했을 뿐만 아니라, 요리의 원재료를 위장하는 경우가 많았다. 그 이유는 교회가 사순절에 고기를 금하는, 단식과 금욕에 대하여 엄격한 룰을 적용했기 때문이다.

Castozeum

▲ 교회는 중세인의 식생활에 많은 영향력을 행사했다. 금식 기간 중에는 생선을 제외한 육류와 달걀, 유제품의 섭취가 금지되었는데, 비버의 꼬리는 생선 모양과 생김새가 비슷하다고 해서, 고기를 금하는 단식기간 중에도 먹는 것이 허용되었다.

에 향신료를 넣은 달콤한 포도주와 술 등이 나왔다. 식사는 장장 두 시간이나 이루어졌다. 때문에 초대받은 회식자들이 행여 지루하지 않도록, 중간에 음유시인이나 곡예사, 가수, 댄서 등이 나와서 신명나게 퍼포먼스를 펼쳤다. 오후의 가장 큰 이벤트는 바로 사냥이었다. 사냥은 악천후인 경우에도 거르지 않고 거의 매일 이루어졌다. 이 사냥이란 스포츠는 기사들에게 평화 시에도 전쟁의 형태를 유지할 수 있는 편리한 수단이었다. 중세의 시골은 잘 경작된 농경지가 아니라, 인적이 드문 숲과 늪, 또한 늑대나 멧돼지, 곰 등 야수들이 횡행하는 거친 들판이었기 때문에, 귀족들은 주기적인 사냥을 통해 이러한 거친 야생동물들로부터 농민들을 보호할 필요가 있었다.

식사예절 면에서는 아직까지 '개인용 식기 한 벌couvert'이[4] 존

---

4) 개인 접시와 포크, 나이프 등.

▲ 중세의 멧돼지 사냥

재하지 않았기 때문에, 사람들은 모두 제 손으로 음식을 집어먹었다. 그래서 식전과 식후, 식사 도중에도 여러차례 번거롭게 손을 씻어야 했다. 당시 귀족들의 무기는 두 가지 용도로 사용되었다. 하나는 식탁에서 고기를 자르는 용, 또 하나는 적으로부터 자신의 몸을 보호하는 호신용이었다. 당시에는 냅킨도 존재하지 않았기 때문에, 당시의 식탁보는 손을 닦을 수 있도록 오늘날보다 천이 두 배나 두꺼웠다. 또한 접시가 없었기 때문에, 타이와르tailloirs라고[5] 불리는 커다란 빵조각 위에 고기요리를 올려놓았다. 맛있는 육즙이 배어든 이 접시용 빵은 식후에 버리지 않고, 가난한 사람들에게 골고루 나누어 주었다.

중세의 위대한 요리사, 타이방

중세 초만 해도 식도락에 관한 기록은 거의 드문 편이었다. 그런데 13세기부터 요리책이 하나 둘씩 대중들에게 선을 보였다. 프랑스 요리의 역사는 타이방(Taillevent, 1310~1395)이라 불리는

---

5) 고기를 써는 나무나 금속으로 된 판

최초의 위대한 요리사에 의해 시작되었다. 그전까지는 요리 비법들이 사람들의 눈과 혀, 귀를 통해 후세에 전달되었지만, 타이방은 『르 비앙디에』Le Viandier라는 책에서 자신의 요리비법을 상세히 수록했다. 이 책에서는 당시 냉장기술이 없었기 때문에 불가피하게 나올 수밖에 없었던 전통요리의 기술을 소개하고 있다. 가령 당시의 음식은 오래 보존하기 위해 소금으로 염장하거나 강한 양념을 사용했기 때문에, 요리 본연의 맛을 대부분 잃어버리게 되었다. 그리고 소스는 이 시기에 등장한 식초와 겨자를 기본으로 했다. 13세기 이후부터는 요리비법

▲ 중세 말(1490) 성 안의 연회장(上), 부엌(下)

을 양피지나 종이에 기록해 후대에 전승했다. 중세와 르네상스 시대의 식사예법에 관한 책을 보면, 다음과 같은 내용들이 적혀 있다.

- 식사 도중에 손으로 귀를 후벼 파지 말라
- 머리에 손을 올려놓지 말라
- 손으로 코를 풀지 말라
- 가려운 데를 긁지 말라

▲ 향신료를 넣은 포도주 이포크라(hypocras)

• 냅킨으로 코를 풀거나 땀을 닦지 말라
• 맛있는 고기를 찾아내기 위해, 접시 바닥을 함부로 하지 말라
• 고기를 먹고 남은 뼈를 접시 위에 올려놓지 말라

오늘날 기준으로 본다면 비위생적이지만 뼈를 처리하는 적절한 장소는 아마도 '바닥'일 것이다. 또한 식사 도중에 가스를 방출하는 일도 찌푸림의 대상이었다.

중세 사람들은 무엇을 먹고 살았을까?

중세의 모든 음식은 아궁이나 빵을 굽는 오븐에서 익혔다. 고기는 위생을 고려해서 일단 끓인 다음에 다시 구웠다. 중세에는 계피, 생강, 정향, 사프란, 육두구, 후추 등 많은 향신료를 사용했다. 쓴맛, 새콤달콤한맛, 신맛 등을 높이 평가했다. 또 신맛을 내는 식초는 덜 익은 포도즙에서 짜냈다. 요리 장식용으로는 꽃을 많이 사용했고, 백조, 왜가리, 황새, 두루미 같은 가금류를 위시하여, 양, 돼지, 소 등 고기의 선택도 매우 다양했다. 중세에는 고기와 생선을 같은 접시에 올려놓는 경우도 많았다. 사람들은 요리를 손으로 집어먹거나, 아니면 두꺼운 빵조각을 이용하여 사발 속에 든 죽이나

수프를 먹었다. 과일은 보통 식사 초기에 먹었다. 귀족의 저택에서는 모든 음식을 한꺼번에 내놓는 '프랑스식 상차림le service à la française'을 따랐다. 요리의 메뉴는 계절별 · 기독교 종교력에 따라 달라졌다. 신맛의 향이 강한 중세요리는 과거 수 세기 동안 부정적인 평가를 받았지만, 훗날 고전요리의 기본적인 골격을 세우는 데 큰 공헌을 했다.

르네상스: 요리 재생의 시대

이탈리아 르네상스의 영향으로 인해, 프랑스는 중세에서 근대로 이행하게 된다. 원래 '재생'을 의미하는 르네상스 시대에는 건축 · 회화 · 음악이 융성했지만, 요리와 제과 · 유리 제조업에도 이에 상

▶ 신대륙의 발견

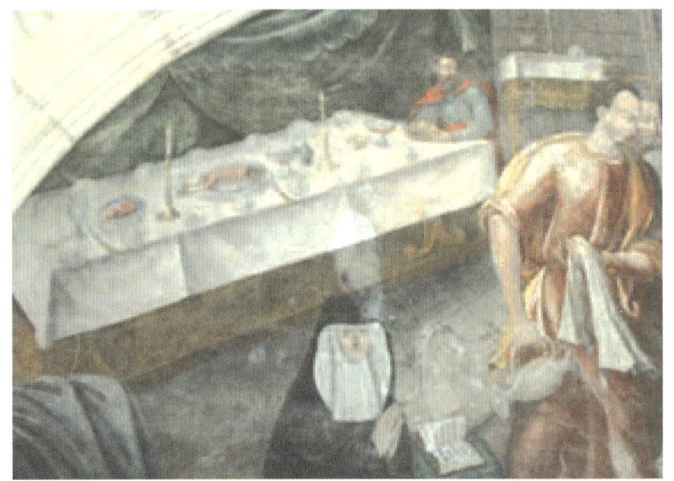
▲ 퐁테브로 수도원총회

응하는 변화가 나타났다. 신대륙의 발견으로 식재료가 훨씬 다양해졌으며, 요리사들은 새로운 식품들의 조리법을 익히게 되었다. 그렇지만 르네상스 시대의 요리는 아직도 중세에 많이 근접해 있으며, 획기적인 변화도 이루어지지 않았다. 과거 중세에는 일종의 '부의 상징'이었던 향신료의 사용이 현저하게 줄어들었고, 신대륙으로부터 온 토마토, 완두콩, 아티초크, 설탕이나 소금에 절인 과일, 아스파라거스 등 새로운 식품들이 이탈리아에서 유입되었다. 또한 신대륙으로부터 못 생긴 감자도 들어왔다. 또한 인쇄술의 발달로 요리기법들이 보다 체계적으로 성문화되었다. 르네상스 시대에 눈에 띄게 달라진 것은 연회에서 대식하는 습관이 '식탁예술의 과시'로 바뀌었다는 점이다. 16세기 프레스코 벽화에 나타난 퐁테브로Fontevraud 수도원 총회의 모임을 살펴보면, 우선 식탁이 설치되어 있고, 그 식탁 위에는 하얀 냅킨이 가지런히 놓여 있다. 또한 접시가 두꺼운 빵조각을 대신하고, 수프를 담았던 사발l'écuelle이 움푹 파인 접시로 바뀌어 있으며, 요리는 개인용 접시에 담겨져 있다. 또한 회식자들은 개인용 수저와 나이프를 사용했으며, 드물기는 하지만 포크도 가끔씩 등장했다.

포크 이야기

포크의 기원은 그리스 시대로 거슬러 올라간다. 그 당시에 포크는 무척 크고 날은 두 개이며, 고기를 자르거나 서빙을 할 때 주로 사용되었다. 당시 포크는 '식탁용'이라기보다는 요리용으로, 칼로 고기를 썰 때 고기가 뒤틀리거나 움직이지 않도록 포크의 양날로 고기를 고정시키는 역할을 했다. 7세기부터 궁정에서는 음식을 먹을 때 포크를 사용하기 시작했다. 10~13세기에 비잔티움에서는 부유한 가정에서 매우 흔하게 포크를 사용했다. 11세기 경에 베니스 총독의 아내인 비잔틴 여성이 이탈리아에 최초로 포크를 소개했다. 그러나 이탈리아에서도 포크의 사용은 매우 느리게 전파되었고, 16세기 경에 이르러서야 보편화 된다. 1533년, 카트린 드 메디치(1519~1589)가 14살의 꽃다운 나이에 프랑스 왕자(미래의 앙리 2세)와 혼인을 했을 당시, 프랑스에 처음으로 포크를 소개했다. 그러나 프랑스에서도 포크의 보급은 오랜 시일이 걸렸다. 왜냐하면 프랑스인들은 포크의 사용을 속물스런 것으로 여겼기 때문이다. 17세기 초 이탈리아를 방문했던 영국인, 토마스 코르예이

◀ 8~9세기경
이란에서 사용되던 포크

트Thomas Coryate에 의하면 이탈리아인들은 거의 모두 이 새로운 기술을 사용했다. 그러나 영국인들은 포크의 사용을 사내답지 못하고, 불필요한 액세서리 정도로밖에 여기지 않았다. "하느님이 인간에게 손을 주셨는데, 도대체 왜 굳이 포크를 사용해야 되는가?"라고 의아해 했다. 그러나 포크는 상류층 사이에서 점점 사용되기 시작했다. 특히 부유한 자들에게 포크는 초대 손님들에게 깊은 감명을 줄 수 있는, 금은처럼 비싼 귀금속으로 만들어진 귀중한 애장품이었다.

파티스리(patisserie, 케이크)의 전성시대

르네상스 시대에는 사회 엘리트 계층이 달콤한 아몬드 과자, 잼과 당과류에 푹 빠져 열광하던 시대였다. 베니스와 마디라 섬은 새로운 장인, 즉 당과 제조업자의 요람이라고 할 수 있다. 당시 유럽의 궁정은 입 속에서 사르르 녹는 달콤한 케이크를, 그들의 권력과 위세를 대내외적으로 표현하는 일종의 수단으로 여겼다. 그래서 군주들은 앞을 다투어 케이크를 만드는 솜씨 좋은 장인들을 발굴하는 데 열성을 다했다. 프랑스 제과업은 프랑스에 시집 온 카트린 드 메디치가 대동한 이탈리아 예술가와 장인들 덕분에 놀라운 발전을 이룩했다. 또한 나중에 앙리 4세와 혼인한 마리 드 메디치 덕분에 프랑스 제과업은 또다시 새로운 전기를 맞이하게

▼ 파티스리

된다. 이 시기에 투르트tourte[6], 타르트(파이), 아몬드 과자, 쌀 과자, 편도과자, 당과, 슈크림, 생강 빵, 누가, 아이스크림 등이 등장했다.

▲ 메디치 가의 문장이 새겨진 유리잔

이탈리아의 위대한 영향력

문명의 진보는 이탈리아 북부에서 이루어졌고, 이 풍요로운 먹거리 문명의 빛은 유럽 전역으로 서서히 퍼져나갔다. 그러나 요리 부문에서 이탈리아의 영향력은 요리 그 자체가 아니라, 바로 현란한 식탁예술과 서비스, 우아한 식사 매너에 있었다. 카트린 드 메디치의 여행가방 속에 들어 있던 두 개의 날이 달린 포크와 자기로 만든 개인접시 사용의 일반화, 특히 무라노에서[7] 수입한 유리잔의 보급은[8], 가히 '식탁예술의 혁명'이라 부를 만큼 큰 영향력을 행사했다. 그러나 이러한 문명의 이기들이 보다 체계적으로 사용되려면, 카트린 드 메디치의 삼남이며 당대 최고 멋쟁이인 앙리 3세(1551~1589)의 치세기까지 기다려야만 했다. 당시 상류층

---

6) 파이처럼 생긴 가염된 둥근 과자로 뜨겁게 데워 앙트레로 먹는다.
7) 무라노는 이탈리아 베니스의 교외를 구성하는 5개의 작은 섬들로, 성당 및 베니스 유리의 제조로 유명하다.
8) 이 무라노 산의 투명한 유리잔은 진홍빛으로 도금한 은제 잔이나 주석 잔을 대신했다.

에서는 주름 장식깃mode des fraises이 한창 유행했는데, 이 새로운 모드의 선두주자는 패션 왕 앙리 3세였다. 원래 섬세하고 유약하며 결벽증이 강했던 앙리 3세는 행여 옷깃에 음식물을 떨어뜨릴 것을 염려해 포크를 사용했고, 귀족들과 미뇽mignon이라 불리던 앙리의 젊은 미남자 총신들은 너나할 것 없이 이를 모방했다.[9] 그것은 심오한 집단정신자세mentalités의 변화였다. 그 후로 회식자들은 음식과의 직접적인 접촉을 꺼리고, 손으로 집어먹는 대신에 포크를 사용함으로써 절제된 세련미를 과시했다.

르네상스 시대의 사람들은 과연 무엇을 먹었을까?

프랑스 서민들의 사랑을 가장 많이 받았던 호남자 앙리 4세(1553 ~1610)는 "내 왕국의 아무리 가난한 농민도 주일마다 맛난 닭찜 poule au pot요리를 먹도록 해 주겠다."라고 호언장담 했다. 닭찜 요리에서 'pot'는 굴뚝의 아궁이에 걸려 있는 큰 솥 또는 냄비를 가리킨다. 온 가족이 솥에 음식을 익혀서 같이 먹기 때문에, 원래 문자 그대로 '냄비의 재산'을 의미하는 'à la fortune du pot'는

---

9) 새로운 장신구로 몸단장에 유난히 열심이었던 그에게는 동성애자 또는 양성애자 라는 소문이 있었다.

'있는 반찬만으로 식사한다'라는 뜻이 있다.

종교전쟁에도 불구하고, 양호한 식량 보급 덕분에 농촌의 식생활도 많이 좋아져 이제 가난한 농민들도 배불리 먹을 수 있게 되었다. 이는 도시에서도 마찬가지였다. 특히, 수도 파리의 식량보급이 최적화되었기 때문에, 파리 시민들은 왕국의 전 지역에서 중앙으로 속속 도착하는 모든 종류의 고기들, 특히 송아지 간 같은 허드레고기와 여러 종류의 과일들, 샐러드와 치즈 등을 먹을 수 있었다.

그런데 궁정에서는 중세와는 달리 고기 소비가 줄어든 반면, 고기에 곁들인 야채, 즉 고명요리garniture의 소비는 늘었다. 또 요리에 버터를 사용하는 일이 증가했다. 속을 다진 요리나 스튜, 고명요리에 송로버섯이나 야생 버섯 또는 파슬리,

▼ 앙리 4세

타라곤, 바질, 백리향, 월계 같은 허브를 넣어 맛의 풍미를 더했다. 특히 파슬리의 인기가 좋았다. 귀족들은 냄새나는 마늘을 경멸했던 반면에, 풍접초 꽃봉오리, 멸치, 염교[10] 등은 높이 평가했다. 당시에 꽃양배추, 아스파라거스, 아티초크 같은 새로운 작물들이 유럽에 소개되었다. 신선하고 철 이른 야채가 환영을 받았고, 고기를 구울 때는 고기 본연의 맛을 최대한으로 보존하는 데 주력했다. 교통·운반 수단의 개량에 크게 힘입은 생선 소비의

10) 작고 길쭉한 양파의 일종

▲ 브뤼겔의 『시골 주막에서의 결혼잔치』(1568년)

증가는 뭐니뭐니해도 그 '신선함'을 으뜸으로 여겼다. 르네상스 요리는 요리의 본질을 되도록이면 감추고 위장했던 중세요리와는 달리, 요리 재료의 본연의 미각과 시각적인 완전성을 최대한 존중했다.

음식의 역사에서 15~16세기는 '재생'이라기보다는, 오히려 '통과passage' 시기에 더욱 가깝다. 즉 르네상스는 커다란 이행기로서, 기존의 옛날 요리와 새로운 근대 요리를 연결시켜주는 통로 역할을 수행했다.

17세기: 위대한 고전의 세기

17세기부터 프랑스 고급요리인 '오트 퀴진haute cuisine'이 등장했고, 그것은 상차림에 거대한 변화의 바람을 일으켰다. 이 시기에 요리는 '예술'로 승화되었고, 셰프는 맛과 색, 장식, 또 음식을 어떤 식으로 내놓을 것인가에 대해, 진지하게 고민하고 상상력을 발휘해야 했다. 또한 요리의 현란한 과시와 진정한 맛에 대한 갈등과 진지한 성찰은 "자연으로 돌아가라"는 장 자크 루소의 진정어린 호소와 더불어, 새로운 요리인 '누벨 퀴진nouvelle cuisine'의 탄생을 예고하는 것이었다.

중세와 비교해 볼 때 요리는 더욱 가볍고, 향신료도 덜 사용하며, 요리과학의 발달로 인해 요리기술도 더욱 정교해졌다. 예를 들면, 요리사는 군고기의 소스를 따로 준비했으며, 고기소스는 나름대로 고유의 비법을 지니고 있었다. 이 시기의 요리책들은 다양한 소스의 종류를 나열했으며. 이러한 요리책들 덕분에 다른 유럽의 궁정에서는 프랑스 요리를 모방할 수 있게 되었다. 이제 프랑스는 자국의 요리의 정체성을 대내외적으로 천명할 수 있었다.

위대한 세기, 위대한 요리의 탄생

17세기는 보통 '위대한 세기grand siècle'라 불린다. 그런데 17세기는 요리 면에서도 가히 위대한 세기라 칭송될 만큼, 프랑스 식도락의 위대성을 널리 입증하고 그 빛을 발했던 영광의 시기였다. 프랑스의 르네상스 시대는 각종 연회들로 화려한 미식문명의

▲ 후추

꽃을 피웠으나, 소심한 루이 13세 (1601~1643)가 통치하던 시대에는 '요리의 쇠퇴기'를 걷게 된다. 그러나 태양왕 루이 14세의 시대에는 절대군주의 이미지에 걸맞게 요리도 사치스럽고 화려하며, 세련미의 극치에 달했다. 아취bon goût가 넘치는 프랑스의 위대한 요리grande cuisine의 전통은 자기 룰을 정립하기 시작했고, 세간에서는 '근대 요리와 전통요리' 사이의 대립에 관한 논쟁이 가열되었다.

프랑스의 국왕들

1610 ~ 1643 : 루이 13세

1610 ~ 1617 : 섭정 마리 드 메디치

1618 ~ 1648 : 30년 전쟁

1624 ~ 1643 : 리셜리외 추기경

1643 ~ 1715 : 절대군주 루이 14세

1643 ~ 1661 : 안느 도토리시와 마자랭의 섭정시대

1648 ~ 1652 : 프롱드의 난

1661 ~ 1683 : 콜베르

1682 ~ 1715 : 베르사유 궁의 태양왕 루이 14세

향신료에 대한 열정의 쇠퇴

앞서 언급한 대로 16세기 신대륙의 발견과 유럽열강(영국, 스페인, 네덜란드, 포르투갈, 프랑스 등)의 동인도회사 운영은 유럽의 미식지도를 크게 변모시키는 역사적 동인이 되었다. 그래서 단맛과 짠맛 위주의 향신료 중심이던 중세 요리는, 음식이 갖는 본래의 맛, 즉 식품 그 자체로 돌아가게 되었다. 향신료 중에서도 후추는 선사시대부터 인도에서 양념으로 쓰였다. 아주 오래 전부터 후추는 주요 무역상품이었으며 종종 실물화폐로 사용되어 '검은 금'이라고도 불렸다.[11] 그런데 식민지로부터 후추를 대량유입하게 됨에 따라, 대도시 시장에서는 향신료의 '민주화' 바람이 거세게 불었다. 이러한 대중화 현상은 과거에 부의 상징이던 후추 소비를 매우 약소하게 만들었다. 그래서 귀족들은 과거의 향신료 사용을 백리향이나 월계수, 파슬리 등 향기 나는 허브들로 대체시켰다.

스튜와 소스의 탄생

17세기 요리사들은 새로운 방식으로 요리하고, 또 기술진보에 힘입어 신新 요리개념을 과감하게 실험하는 것을 높이 찬양했다. 그들은 고기나 생선요리에 단 감미료를 넣는 것을 점점 줄여나갔다. 때문에 설탕의 사용은 케이크나 과자, 곡류, 달걀과 유제품 등

---

11) 청년사에서 만든 『조선시대 사람들은 어떻게 살았을까』에 의하면 조선에서도 연회에서 손님이 후추를 상에 올리면 기녀들이 다툴 만큼 후추가 인기 있었다. '후추로 지불하는 지대'는 오늘날에도 무역의 거래 조건으로 존재한다.

▲ 17세기 요리사

에만 제한되었다. 육즙 없는 마른 소스 sauce maigre는 거의 자취를 감추었는데, 겨자는 예외였다. 17세기의 소스는 대부분 육즙이나 기름소스로 대체되었다. 그래서 마치 경쟁이라도 하듯이 버터와 달걀, 크림 등이 타라곤, 바질, 산파 등의 향과 잘 어우러져 오묘한 소스의 맛을 내었다. 새로운 기술의 결합으로 소스 루roux가 등장했다. 루는 밀가루와 버터를 섞어 익힌 것으로 소스를 진하게 하는 데 쓰였다. 또 다른 혁신으로는 여러 가지 종류의 고기를 끓여 만든 육즙에, 파슬리, 백리향 잎, 월계수 잎의 다발bouquet garni을 가미한 소스다. 오를레앙 공을 위시한 고관대작을 위해 일했던 최고요리사 마시알로Massialot는 1691년에 23가지가 넘는 소스들을 열거했다. 이제부터 잠시 머리를 식히는 의미에서, 보스의 그림 속에 나타난 미각을 한번 살펴보도록 하자.

보스의 미각

인간의 오감五感 중에 '미각'을 표현한 보스의 작품은 아주 세련된 분위기가 풍기는 그림이다. 부부처럼 보이는 한 쌍의 귀족 커플이 당시 최신 유행은 하나도 놓치지 않으려는 표정으로 다정하게 나란히 앉아서 식사를 하고 있다. 16세기 중반 이래, 프랑스에서는 심오한 풍속의 변화가 있었다.

1630년대에는 지나치게 겉멋을 내는 풍조가 있었다. 유럽 전체에 번역되어 보급된 에라스무스의 『어린이들의 예절에 관하여』De civilitate morum puerilium, Rotterdam(1530)라는 책은 단순히 식탁예절뿐만 아니라, 음식에 대한 가치관과 식탁구조에 커다란 변화를 가져 왔다. 에라스무스의 '예절civilités'이 프랑스에 번역된 것은 1560년의 일이다. 그러나 에라스무스의 이러한 권장사항이 상류층 사이에서 보편화된 것은 정작 17세기부터다. 접시와 포크, 끝이 둥근 나이프가 식탁에 오르며, 개인용 식기 한 벌couvert이 등장한 것도 바로 17세기다.

앞서 언급했던 보스의 〈미각〉이란 그림을 자세히 들여다 보면, 하얀 냅킨 위에 테이블용 나이프와 개인용 접시가 가지런히 놓여 있다. 테이블의 한 가운데에는 작은 향로 덕분에 따뜻한 온도를 유지할 수 있는 아티초크가 접시 위에 올려있다. 카트린 드 메디치가 이탈리아에서 가져온 이 아티초크는 16세기부터 이미 유행했던 식품이다. 이 멋진 한 쌍의 식사는 매우 검소하기 이를 데 없다. 젊은 여성은 아주 우아하고 섬세한 동작으로 아티초크의 잎을 따고 있으며, 왼손에는 하얀 냅킨이 들려 있다. 무릎을 구부린 남성이 유리잔의 포도주를 마시고 있는 사이에, 시종이 작은 술단지를 가져온다. 또 다른 두 명의 시종들도 식사를 거들고 있다. 식당은 바깥을 향해 있으며, 난간 뒤에는 아름다운 정원이 보인다. 식당의 벽에 걸린 터키풍 문양의 고급한 타피스리

▼ 프랑수아 마시알로

▶ 〈미각〉아브라함 보스
작품(1638)

는[12] 이 저택에 거주하는 이들의 세련된 취미를 잘 보여준다.

　미각을 위시한 다섯 가지 감각, 즉 오감은 고대부터 매우 인기 있는 도판의 주제였다. 보스 이전의 예술가들은 대개 신화나 알레고리를 통해 오감을 표현했으나, 보스는 이러한 과거의 전통을 따르지 않았다. 그는 인간들이 일상생활 속에서 느낄 수 있는 덧없는 지상의 쾌락을 아주 근사한 색조로 잘 표현해 냈다. 보스의 이처럼 맛깔스런 미각의 표현은 마치 우리에게 '현재를 즐기라carpe diem!'라는 무언의 함성처럼 들린다.

---

12) 벽에 걸거나 테이블에 펴 놓는 장식융단.

요리혁명

루이 14세의 화려한 치세와 개성으로 대표되는 17세기 '요리혁명révolution culinaire'은 뛰어난 요리거장들의 활약과 요리책의 부활에 의해 탄생했다. 이 고전시대의 대표 서적으로는 요리의 명장 바렌La Varenne의 『프랑스 요리사Cuisinier Français』(1651)와 마시알로의 『왕실과 부르주아 요리사Cuisinier royal et bourgeois』(1691) 등을 들 수 있다. 이제 식도락은 매우 진지하고 격렬한, 시대적 논쟁의 장이 되었다. 보다 근대적이고 순수한 자연성과 진하지 않은 소스를 선호하는 신新요리파와 옛날 중세의 시고 단맛, 진한 양념소스, 짜고 단맛의 혼합을 고집하는 구舊요리파가 서로 대립의 각을 날카롭게 세웠다.

채소와 식이요법의 비상

이 '요리의 세기'는 그동안 경멸의 대상이었던 채소의 위대한 귀환으로 특징지어진다. 과거에 상류층은 채소가 서민들의 거친 위장에나 어울리는 식품이라고 하여 이를 경시하는 풍조가 있었다. 그러나 17세기에는 샐러드와 과일의 인기가 대단했다. 그래서 루이 14세의 궁정은 디저트로 과일과 샐러드를 무절제하게 소비했다. 때문에 계절에 상관없이, 사시사철 과일과 채소를 즐겨먹는 유행이 불길처럼 번져나갔다. 17세기는 또한 '원예가의 시대'이기도 했다. 그래서 채소와 과일을 가꾸는 원예업이 성행했고, 베르사유 궁전의 뜰에는 변호사이며 농업학자인 라 켕티니Jean-Baptiste de La Quintinie

▲ 국왕의 채소밭

가 만든 '국왕의 채소밭Potager du roi'이 최초로 생겼다.

어두운 땅 속에서 자라기 때문에 상스럽고 심지어는 저속하다고까지 부당한 질타를 받았던 채소가 이제는 어엿이 신분상승을 이룩했다. 그 당시에는 아티초크, 아스파라거스, 그린피스, 버섯 등이 가장 많이 소비된 반면에, 돼지감자와 강낭콩은 사회 엘리트 계층의 전유물이었다. 또한 과일이 대인기였는데, 보통 식사의 마지막 순서에 바구니에 소담하게 담아서, 또는 피라미드 형으로 높이 쌓은 상태로 상 위에 올려졌다.

17세기는 설탕 조림, 젤리 등 잼 종류가 매우 발달한 시기였다. 차와 커피, 코코아 역시 매우 인기 있는 음료였다.[13] 동 페리뇽Dom Pérignon이란 베네딕트의 장님 수도사가 영롱한 거품이 이는 포도주, 즉 샴페인을 발명했는데 이는 18세기 왕실의 식탁을 흥겨운 축제 분위기로 인도했다. 한편 위대한 요리사 바렌은 파이 반죽을 접

---

13) 1674년에 프로코프(Le Procope)란 카페가 파리에 최초로 문을 열었는데, 이 카페는 작가와 철학자들의 특별한 장소가 되었다.

어 쌓아 올리는 푀이타주feuilletage란 기술을 발명했는데 이는 오늘날 이파리 모양의 밀-페이유mille-feuilles의 전신이다.[14]

태양왕 루이 14세

당시 파리의 인구는 대략 50만 정도, 지성의 산실이며 유럽의 중심도시였던 파리는 프랑스 식도락을 해외에 알리는 데도 크게 기여했다. 프랑스와 전 세계로부터 이국적인 요리와 지역의 특산물들이 수도 파리에 속속들이 입성 했다. 그러나 프랑스 요리의 진정한 붐은 베르사유 궁의 주인이었던 태양왕 루이 14세의 덕택이었다. 그는 프랑스 고급요리의 대명사인 '오트 퀴진haute cuisine'의 주창자였다. 루이 14세는 식도락에 국가적 우위를 두었고, 그의 치세 기에는 '화려한 만찬'에도 새로운 정치·사회적인 의미가 부여되었다. 전설스런 식욕의 소유자였던 그는 호사스런 음식을 즐겼다. 후일 루이 14세의 사체를 부검한 의사들은 국왕이 가진 위장의 용량이 비슷한 몸집의 다른 사람들에 비해 거의 두 배에 달했다는 사실을 발견했다. '짐이 곧 국가다'. 그는 주방장에게 국왕 일개인으로 대표되는 프랑스 절대국가의 위신을 보장할 수 있는 매우 독창적이고 정교한 요리를 만들도록 명했다. 그는 또한 코스요리에 정찬diner의 개념을 도입했다. 코스마다 마치 거대한 파도의 물결처럼 수많은 요리들을 등장시켜, 회식자들의 눈을 휘둥그레지게 했다.

---

14) 파이의 얇은 틈 사이에 크림을 넣은 케이크.

▲ 루이 14세의 식사

루이 14세는 공개 식사를 즐겨 했다. 국왕은 혼자서, 또는 왕비와 함께 공중 앞에서 식사를 했다. 누구나 옷만 잘 차려 입고 검을 찼다면 왕의 식사하는 장면을 지켜볼 수 있었다. 그래서 많은 군중들이 국왕의 엄청난 식욕을 목도하기 위해 대기실을 가득 메웠다.[15] 그러나 불행하게도 정작 식사에는 초대받지 못한 군중들은, 단지 군침을 흘리며 '볼' 권리에 만족해야만 했다. 국왕은 번쩍거리는 황금 접시를 사용했으나, 포크는 결코 사용하지 않았다. 식사 초기에 가장 고위의 신하가 국왕에게 손을 닦도록 물에 적신 냅킨을 건넨다(국왕은 손가락으로 음식을 집어 먹었다!). 국왕 뒤에는 수비대장이 위풍당당하게 서 있다. 그의 주요 직무는 국왕이 앉거나 설 때, 의자를 밀거나 재빨리 잡아당기는 것이었다. 또한 술 따르는 시종(귀족)이 왕의 술잔에 '물 탄' 포도주를 따랐다. 그리스·로마시대에 소위 문명인(헬레네스)의[16] 음주관행이었던 이 물 탄 포도주는 당시에도 크게 유행했다. 정찬dîner과 야찬souper은 5가지 코스로 이루어졌고, 코스마다 6~8개의 요리접시가 나왔다. 루이 14세는 상에 나오는 음식을 전부 다 먹어치우지는 않았고, 구미에 당기는 음식만 몇 가지 골

---

15) 국왕의 사적 저녁식사(le petit couvert)인 경우에는 국왕의 방에서, 국왕의 공식만찬(grand couvert)인 경우에는 큰방으로 통하는 대기실(antechambre)에서 국왕의 공개회식을 지켜보았다.

16) 그리스인이 스스로를 일컫던 그들의 총칭.

라먹었다. 첫 번째 코스는 수
프였다. 예를 들면 냄비에 거
세된 수탉, 자고, 어린 비둘
기, 가금류의 볏 등을 넣고
푹 익힌 수프 등인데, 프랑스
어로 포타주potage라고 한다.
두 번째 코스는 앙트레entrées
다. 수프·오르되브르 다음의
전식인 앙트레로는 고기나 생
선으로 만든 투르트tourte[17],
뜨거운 파테pâté[18], 잘게 다진
고기와 야채를 넣고 삶은 스
튜가 나온다. 세 번째 코스
는 양과 소고기, 거세된 수
탉, 송아지고기 등을 삶은 육
류이다. 야채는 베르사유 궁
의 채소밭에서 가꾼 것을 직
접 사용했다. 버섯, 아티초크,

◀ 요리사 바텔이
준비한 베르사유
궁의 식사

▲ 초콜릿차를 마시는 사람들

아스파라거스, 양배추와 브로콜리 등이 높은 평가를 받았다. 또한
식초소스를 이용한 양상추 샐러드도 인기가 높았다. 당시에 그린
피스가 널리 보급되었는데, 그 이유는 국왕이 몹시 좋아하는 채소

---

17) 투르트는 파이처럼 생긴 가염된 둥근 과자로, 뜨겁게 데워 앙트레로 먹는다.
18) 고기나 생선 구운 것을 파이 껍질로 싸서 구운 것.

였기 때문이다. 네 번째 코스는 여러 가지 종류의 구운고기이다. 다섯 번째 코스는 자고, 멧도요, 상오리 등 사냥해서 잡은 야생 새고기가 앙트르메entremet로[19] 등장한다. 식사의 피날레는 여섯 번째 코스로 마무리된다. 즉 신선한 과일, 과일 파이, 콩포트compote[20]와 잼으로 식사의 대단원을 마친다. 초콜릿을 너무 좋아하는 것이 비만하고 땅딸한 몸집의 왕비의 흠이라면 흠이었다. 그러나 국왕은 요깃거리는 별로 좋아하지 않았다. "초콜릿은 요깃 거리는 될지 모르나, 결코 위장을 채우지는 못한다."라고 입버릇처럼 얘기하곤 했다.

오늘날 프랑스 인들은 식사 도중에 그들이 먹는 음식의 가치와 장점들을 자연스럽게 이야기하는데, 정찬 테이블에서 세련된 대화를 나누는 기술을 발전시킨 것도 바로 루이 14세였다. 태양왕의 치세기에는 새로운 식품들이 대거 등장했다. 과거 동양의 향신료 대신에, 작은 양파의 일종인 샬롯, 골파의 잎(향신료), 파, '검은 다이아몬드'라는 별명이 붙은 검은 송로버섯이 오트 퀴진과 세련미의 상징이 되었다. 또한 소스에 버터가 보다 광범위하게 쓰였고, 이는 프랑스 요리의 독특한 기본재료가 되었다.

프랑스 식도락이 발달하게 된 또 다른 요인으로 후일 레스토랑의 등장을 들 수 있다. 이 레스토랑이란 새로운 식사문화 공간은 패션과 신기함으로 그 시대의 유행을 선도했다.

---

19) 구운고기와 디저트 사이에 먹는 가벼운 음식을 가리켰으나, 요즘에는 식후 디저트 전에 먹는 단 음식을 가리키며 점차 디저트와의 구별이 사라지고 있다.
20) 과일의 설탕 조림.

17세기 식탁예절

고급요리가 단지 귀족들의 전유물만은 아니었다. 프랑스 희극을 완성한 극작가 몰리에르의 『부르주아 귀족 Bourgeois gentilhomme』(1670)에서도 볼 수 있듯이, 부르

주아들은 세련된 식탁예절을 신분상승의 표식으로 생각하여 이를 열심히 모방했다. 이러한 시대적 유행을 반영하듯이 급사장의 역할이 중요해지자 음식예절도 훨씬 정교해지고, 특히 '위생'의 중요성이 커졌다. 행여 손을 베지 않도록 끝이 둥근 개인용 나이프와 포크, 수저의 사용이, 개인용 냅킨과 더불어 널리 보급되었다. 1750년경에 오늘날 일인용 식기 테이블 세트(포크, 나이프, 수저 등)의 기본 형식이 정착되었다. 당시에 모든 식기는 금속으로 되어 있었다. 물론 카트린 드 메디치가 도자기로 만든 아름다운 식기들을 프랑스에 소개했으나, 도자기 사용은 17세기 말까지도 예외적이었다[21]. 마자랭의 집권기에는 속이 움푹 파인 접시가 프랑스 궁정에 소개되었다.

프랑스식 상차림

프랑스식 상차림service à la française은 규칙이 매우 엄격한 중세

---

21) 재정난에 힘들어하던 루이 14세가 금은 식기를 녹여 화폐를 만들기 전까지는 금속식기가 지배적이었다.

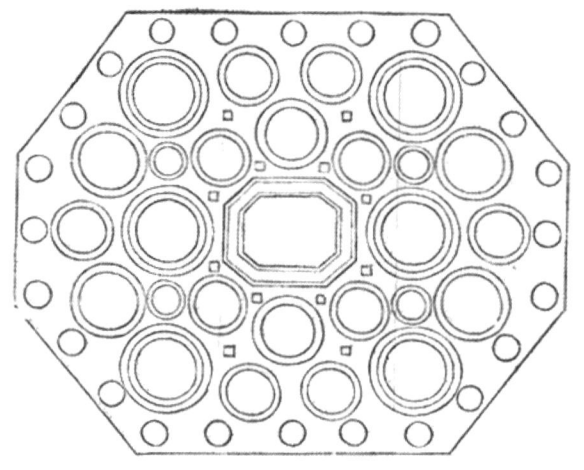

▲ 프랑스식 상차림
(service à la française)

고딕풍의 식사에서 유래했다. 구운고기는 항상 상의 한가운데에 놓이며, 수프와 앙트레가 먼저 나오고, 앙트르메와 디저트가 뒤따른다. 피라미드 형으로 쌓아 올린 과일 디저트는 언제나 식사의 피날레를 멋지게 장식했다. 프랑스식 상차림은 이렇게 한꺼번에 차려져 보는 이에게 시각적인 즐거움을 한껏 선사했다. 초대받은 회식자들은 각자 구미대로 음식을 골라먹는 재미를 누릴 수 있었다. 서비스마다 회식자 수와 동일한 숫자의 요리가 차려져 나왔다. 상 한가운데는 메인요리, 그 다음에는 중간 크기의 4가지 요리, 가장자리에는 8개의 소접시가 균형 있게 놓였다.

현란한 식탁예술과 민중들의 소박한 식사

절대군주의 시대에는 30년 전쟁을 위한 군비와 베르사유 궁의 건축비용 조달 때문에, 애꿎은 서민대중들에게 무거운 세금이 매겨졌다. 그래서 궁핍한 도시민들은 밀과 호밀을 섞은 갈색 빵pain bis이나 걸쭉한 죽 따위로 거의 매일 끼니를 해결했다. 농촌지역도 사정은 마찬가지였다. 온가족이 비좁은 단칸방에서 화덕을 중심으로 모여앉아 수프로 세끼를 때웠다. 즉 아침에는 점심을 의미하는 데제네déjeuner, 반나절에는 저녁을 의미하는 디네dîner, 저녁에는 야

찬을 의미하는 수페super를 먹었다.[22] 19세기까지도 서민들이 상용하던 이 수프는 허브와 당근, 무, 파, 시금치, 양파, 양배추, 잠두, 렌즈 콩 따위를 넣고 푹 끓인 야채 죽인데, 어쩌다 운수가 좋은 날에는 돼지고기 비계를 몇 조각 넣기도 했다. 좋은 과일은 이미 장에 내다 팔았기 때문에,[23] 디저트로는 질 나쁜 과일과 치즈, 봉방 등을 먹었다. 여기서 한 가지 주목해야할 사실은 서민들의 식단에는 고기가 거의 없다는 사실이다. 구제도 체제 아래의 사람들은 오직 축제 때나 고기를 구경할 수 있었고, 고기를 먹지 않는 날jours

---

22) 시간이 흐를수록 식사는 점점 뒤로 밀려나는 경향이 있었다. 즉 아침식사는 프티 데제네(petit déjeuner), 데제네(déjeuner)는 점심식사가 되었으며, 디네(dîner)는 저녁식사가 되었다. 그리고 저녁에 먹던 수페(souper)는 야찬이 되었다.

23) 농민들은 세금 낼 돈을 마련하기 위해 가금류, 달걀, 버터, 포도주 등을 시장에 내다 팔았다. 기근이 심한 경우에는 자주 폭동이 발생했다.

▲ 가난한 서민들의 식사

maigres에는 주로 대구나 청어를 먹었다. 앙리 4세가 약속했던 '주일마다 구수한 닭찜poule au pot요리'는 모든 군주의 정치적 목표이며 이상이었지만, 그 실현은 아직도 요원한 꿈이었다. 풍부한 육류 섭취는 후일 나폴레옹 3세의 치세기에 이르러서야 가능해진다. 그러나 오늘날 프랑스인들이 찬미하는 '옛날식의 시골풍 요리cuisine paysanne à l'ancienne'는 그 옛날 옛적에 가난한 서민들이 먹던 단순하고 소박한 음식이었다.

빵은 그 당시 서민들이 가장 쉽게 칼로리를 얻을 수 있는 소중한 식품이었다. 이러한 빵이 품귀현상을 빚거나 가격이 껑충 뛰게 되면 민심은 크게 동요했다. 그래서 정부당국은 흉년 때마다 빵의 원활한 공급을 위해 중요한 조치를 취하곤 했다. 당시에 빵은 서민가계의 거의 반 이상을 차지할 정도로 비중이 컸다. 당시에 육체노동을 하는 성인남성은 하루에 평균 3리브르의[24] 빵을 섭취했다. 부유층은 자기 집에서 직접 빵을 구웠으나, 대부분의 사람들은 사용료를 무는 영주의 화덕이나 마을의 공동 화덕을 사용했다. 1620~1650년부터 사람들은 신대륙에서 온 옥수수죽을 끓여먹기 시작했으나, 감자라는 새로운 식품에 대해서는 상당한 반감을 표시했다. 심지어 교회는 감자가 어두운 땅 속에서 자란다고 하여, 이를 '악마의 식물'이라 폄하했다. 당시 모젤의 독일어부들은 추운 겨울에

---

24) 리브르는 혁명 전 무게단위로 1리브르는 약 500그램에 해당한다.

도 고기를 잡기 위해, 영양가 높은 감자튀김을 먹었다. 그러나 프랑스 서민들이 감자를 수용하는 데는 상당히 오랜 시간이 걸렸다. 파르망티에Parmentier 같은 계몽주의적인 농업학자가 나타나서, 감자를 적극 홍보할 때까지 기다려야 했다. 또한 흉작의 피해를 줄이기 위한 밀의 자유판매와 유통도 루이 15세(1715~1774)의 치세까지 기다려야만 했다. 그전에는 지방에서 다른 지방으로 밀을 파는 일이 거의 불가능했다. 곡물투기자들이 시장을 장악했는데, 그들은 농민들로부터 곡식을 헐값으로 사들여 창고에 쌓아두었다가, 기근이 들면 다시 금값으로 내다팔았다. 니콜라 드 방디에Nicolas de Vandières는 재무장관 콜베르의 아버지였는데, 그도 역시 곡물투기 사업에 뛰어들었다. 30년 전쟁이 일어나자 그는 식량이 부족할 때 다시 비싸게 팔 요량으로, 자신의 창고에 곡식을 잔뜩 비축해 두었다. 그런데 지나친 욕심을 부린 나머지 창고에 너무 많은 곡식을 쌓아놓은 결과, 그만 건물이 무너져 파산해 버렸다.

식도락은 하나의 예술이다

이 시기의 식도락은 하나의 '예술'이 되었다. 그래서 요리의 대가들은 음식의 오묘한 맛과 색, 멋진 장식을 위해 끝없이 고민하고, 무궁무진한 상상력을 발휘하지 않으면 안 되었다. 이제 프랑스는 '식탁예술과 요리의 조국'이 되었다. 오늘날 프랑스인들의 잘 먹는 것과 잘 마시는 것에 대한 유별난 집착과 집요한 숭배는 과거로부터 온 것이다. 즉 프랑스인의 조상인 골족, 교회, 그리고 대식가로 소문난 루이 14세에서 기원한 것이다. 식도락은 미식의 나라 프랑

▲ 루이 14세 시대의 우아함

스에서 중심적 위치를 차지하고 있다. 프랑스의 극작가 장 아누이
Jean Anouilh에 따르면, 프랑스에서는 매사가 식도락으로 귀결된다.
결혼식, 세례, 결투, 장례, 사기, 외교문제 등 그 파란만장한 인간사
의 모든 것이 결국 좋은 만찬을 하기 위한 이유에 지나지 않는다.
『프랑스 식도락』(Gastronomie Française)의 저자인 장-로베르 피트
Jean-Robert Pitte도 역시 프랑스 식도락의 기원을 프랑스 조상인 골
족에서 찾았다. 먹성이 좋은 골인들은 대단한 식욕문화를 발전시
켰고, 이를 프랑스인에게 소중한 무형문화유산으로 물려주었다.
그리고 식탁 위에서 다 같이 흥겹게 떠들며 즐기는 잔치 분위기
convivialité는 현재까지도 이어지고 있다. 축제, 농민들의 혼인잔치,
식도락과 함께 벌어지는 여러 가지 행사들은 중세 암흑기와 전쟁에
도 변하지 않고 후세에 고스란히 전승되었다.

프랑스 식도락에서 빼놓을 수 없는 것이 음식과 절묘한 궁합을 이루는 바로 포도주라는 음료다. 오늘날 프랑스는 최상의 포도주를 자랑하는데, 17세기 수도승과 교회인사들 덕분에 고대부터 가히 '신들의 음료'라 불리던 포도주의 질을 고양시킬 수 있었다. 또한 프랑스 요리의 발전은 이른바 권력이 신으로부터 주어졌다는 '왕권신수설'을 주장했던 루이 14세의 공도 빼놓을 수 없다. 그는 절대군주의 영광과 위엄을 대외적으로 표현하기 위해 식사를 마치 연극공연처럼 매우 드라마틱한 방식으로 전개시켰을 뿐만 아니라, 식사예절인 에티켓과 식탁에서의 우아한 대화법도 고안해냈다. 즉 식도락을 인간의 기본적인 생리욕구나 개인적인 취미에서 한층 더 나아가 절대왕정의 정치도구로 이용한 셈이다. 한편 식도락의 역사에서 두 가지 혁명이 이루어졌는데, 그것은 첫째로 1789년의 대혁명이다. 즉 혁명기간 중에 고도로 정치화된 식도락은 정부 차원의 중요한 국가적 사무가 되었다. 둘째로는 1765년에 프랑스 요리사가 파리에 최초로 레스토랑을 엶으로써, 파리를 식도락의 수도로 만든 사건이다.

18세기: 계몽주의와 혁명의 시대

18세기는 '진보의 세기'였다. 이 진보의 정신은 사상과 예술뿐만 아니라, 요리에도 지대한 영향을 미쳤다. 17세기가 요리의 재생과 부흥renouveau의 시대였다면, 18세기는 놀라운 혁신innovation과 정교한 재간ingéniosité의 시대였다. 이제 요리는 하나의 진정한 '과학

▶ 〈굴을 먹는 소녀〉(네덜란 드의 풍속화가 안 스텐의 작품)

science'이 되었다. 또한 과거 중세 암흑기의 산물인 '앙시엔 퀴진ancienne cuisine'과의 결별의 일환으로, 사람들은 진보와 계몽시대를 알리는 '누벨 퀴진nouvelle cuisine'의 등장을 공공연히 언급했다. 18세기는 비교적 전쟁 없이 평화로운 시기였지만, 사람들의 집단정신자세mentalités, 아취bon goût, 식사초대 예절, 음식의 다양화와 그 활용, 요리개발과 구성 면에서는 엄청난 변화가 있었다.

요리의 세계와 철학에서 신·구 요리 간의 대결이 첨예화되었는데, 후자인 누벨 퀴진은 요리의 '자연적 단순성simplicité naturelle'과 '자연적 순수성pureté naturelle'을 높이 찬양했다. 그러나 단순하다는 누벨 퀴진의 실상은 실제로 엄청난 시간과 작업, 집요한 끈기를 요구했다. 그래서 초기에는 자연적이었을지 몰라도, 요리에 여러 가지 재료들을 혼합하여 다양한 맛을 시험하다 보니, 그 결과는 극도로 혼잡하기 이를 데 없었다. 특히 과학과 연금술의 영향력 때문에, 사람들은 재료의 오묘한 배합과 혼합의 실험정신을 통해서 요리의 정신esprit과 본질essence을 찾으려고 노력했다.

굴이 있는 점심 식사

루이 14세가 매우 까다로운 에티켓에 따라 대중들 앞에서 혼자 전시용의 식사를 즐겼다면, 그의 계승자들은 아담한 수페(야찬)를 더욱 선호했다. 그래서 섭정 오를레앙 공의 시대(1715~1723)에는 작

은 규모의 '프티 수페petit super'가 크게 유행
했는데, 수페의 전형적인 모델은 장 프랑수아
드 트루아Jean François De Troy(1679~1752)가 그
린 〈굴이 있는 점심 식사〉에서 찾을 수 있다.

▲ 〈굴이 있는 점심 식사〉
드 트루아 작품(1735)

루이 14세의 치세기는 굴의 영광의 시대였
다. 루이 14세의 요리사였던 바텔은 국왕의 정
찬을 준비하는 와중에, 무엇보다도 신선도가
생명인 굴을 운반하는 광주리가 제때에 도착
하지 않자 그만 절망에 빠진 나머지 자살해버
렸다. 그 시대의 유명한 우화작가인 라퐁텐
Jean de la Fontaine은 그의 우화집 속에서 두
번이나 굴 이야기를 언급했다. 『쥐와 굴』, 『굴
과 두 소송인』이 그것이다. 그 당시 파리에는 2000명의 굴장수가
있었다. 굴은 귀족들 사이에서 언제나 높은 평판을 얻었으며, 멋지
고 고급스런 식탁의 상징이었다. 궁정이나 심지어 촌에서조차도 굴
의 인기는 좀처럼 식을 줄 몰랐는데, 문제는 산업화 전기의 느린
교통수단으로 더운 여름철 굴이 너무 쉽게 상하는 것이었다. 1735
년에 드 트루아는 그 당시 상류사회에서 대유행했던 굴 오찬을 자
신의 화폭에 담아서 이를 영원히 후세에 전했다.

계몽주의뿐만 아니라, 호색의 시대로도 유명한 18세기 사람들은
굴의 최음 효과를 높이 평가했다.[25] 특히 소문난 정력가이며 바람

---

25) 1790년에 염세(gabelle)가 폐지되고 염전사업이 쇠퇴의 길을 걷게 되자, 종전의
   염전은 굴 양식장으로 바뀌게 된다.

▲ 『쥐와 굴』(라퐁텐의 우화집)

둥이인 카사노바는 매일 아침식사로 굴 12다스를 거뜬히 먹어치웠다고 전해진다. 굴에 대한 이처럼 폭발적인 인기와 수요는 결국 자연산 굴의 고갈을 가져와, 후일 굴 양식장의 발달을 이끄는 동인이 되었다.

드 트루아의 〈굴이 있는 점심 식사〉를 들여다보면 늙어서 쭈글쭈글해진 루이 14세의 치세 말기의 어둡고 딱딱한 분위기 대신에, 대화의 열기와 감미로운 식도락이 주는 쾌락 덕분에 생동감이 넘치는 동시에 약간의 퇴폐적인 분위기도 엿볼 수 있다. 둥근 테이블 위에는 눈처럼 하얀 식탁보가 드리워져 있고, 루이 15세 시대에 유행했던 우아한 로카이유rocaille 양식의[26] 인테리어가 돋보이는 넓은 홀 중앙에는 귀족남성들이 서로 어울려 오찬을 즐기고 있다. 그들의 발 밑에는 먹음직스런 굴 껍질들이 바둑 문양의 바닥에 여기저기 어지럽게 흩어져 있다. 한편 식탁 위에는 은제 쟁반이나 접시 위에 굴이 아직도 수북이 담겨 있다. 이 풍속화는 사냥 후에 즐기는 화려한 식사를 묘사하고 있다.[27] 이 〈굴이 있는 점심 식사〉란 그림은 베르사유 궁에 있는 루이 15세의 거실을 장식하기 위해 왕실이 특별히 주문한

---

26) 바위(rocher)와 자연석을 모방한 로카이유 양식은 섭정기와 루이 15세 시대에 절정을 이루었다. 1715년 루이 14세의 사망 이후, 베르사유에서 파리로 거처를 옮긴 프랑스 왕실은 이 새로운 양식을 수용했고, 나중에는 모든 프랑스 귀족들이 이를 따라했다. 그 당시 건축, 회화, 조각, 실내장식 부문을 지배했던 이 로카이유 양식은 루이 15세의 궁정을 풍미했던 '아취'와 완벽하게 일치한다고 여겨졌다.
27) 18세기까지 풍속화는 역사화에 속하지 않는 모든 그림을 가리켰으나, 19세기부터는 실내화·정물화·동물화를 지칭하게 되었다.

것이었다. 이 오찬에 여성들이 존재하지 않는 이유는, 그림이 완성된 지 3년 후인 1738년부터 여성들이 이러한 회식에 초대된 역사적 관례 때문이다. 또한 여성들의 회식참여와 상관없이, 그 당시의 정서로서는 굴의 최음적인 효과가 아마도 남성들의 고유영역이라 여겨졌기 때문일 것이다. 드 트루아의 이 작품은 18세기 초반의 식탁예술에 대하여 우리에게 유익한 정보를 제공해준다. 당시에 굴은 사회 엘리트에게만 한정된, 매우 사치스런 최고급 요리였다. 굴을 먹을 때는 빵과 마늘, 버터, 소금, 후추 등이 동시에 따라 나왔는데, 이것이 바로 전형적인 프랑스식 상차림이었다.

▲ 동 페리뇽의 동상

　이 풍속화는 〈굴이 있는 점심 식사〉라는 제목과는 달리, 실제로는 샴페인에 많은 비중을 두고 있다. 프랑스어로는 '샹파뉴'라 불리는 영롱한 거품이 이는 샴페인은 17세기 말 베네딕트 수도회의 눈 먼 수사, 동 페리뇽이 발명한 새로운 음료였다. 샴페인 병을 열면 '펑'하고 솟아오르는 병마개와 반짝이는 하얀 거품은 초대받은 회식자들에게 색다른 볼거리와 미각의 즐거움을 제공했다. 이 그림은 그 당시 샴페인의 놀라운 인기를 반영하고 있다. 2010년 7월 초에, 1780년대 산으로 추정되는 '뵈브 클리퀴오Veuve Clicquot'라는 샴페인이 발트 해에서 발견되었다. 이 샴페인 박스는 러시아 차르(군주에 대한 호칭)의 궁정으로 보내지기 위한 것이었다. 즉 18세기에 이미 샴페인의 인기와 수요가 프랑스 국경을 넘어섰다는 것을 의미한다.

루이 15세 시대(1723~1774)

▲ 위험한 관계

18세기 계몽주의 시대의 사람들은 요리에서 '이론'을 자주 언급했다. 또한 이 시대의 요리사들은 이전의 거추장스럽던 '앙시엔 퀴진ancienne cuisine'에서 탈피하여, '백지' 상태에서 출발하는 것에 만장일치로 동의했다. 그들은 매 단계 요리의 준비과정과 음식의 다양한 조리법을 습득하려고 온갖 심혈을 기울였다. 그러다 보니 새로운 요리법을 개발하거나 발명하고, 재능 있는 새로운 요리사를 발굴해내는 것이 한가한 귀족들의 소일거리 취미가 되었다.

루이 15세와 그의 측근들은 매우 훌륭한 식도락 문화를 발전시켰다. 프랑스의 대정치가 리셜리외 추기경(1585~1642)의[28] 종손이었던 리셜리외 원수maréchal de Richelieu는 프랑스 아카데미 회원, 군인, 친애하는 국왕의 벗인 동시에 위대한 식도락가였다. 그는 또한 많은 여성들을 상대로 연애를 즐겼던 호사가였다. 라클로Choderlos de Laclos의 18세기 서간체 소설 『위험한 관계』Les Liaisons dangereuses에 등장하는 남자 주인공 발몽Valmont의 캐릭터는 그를 모델로 한 것이라 전해진다. 그는 혁명 바로 직전에 숨을 거두었으며, "루이 15세 통치기 이전 사람들은 먹는

---

28) 성직자 출신 추기경으로 1624년에 루이 13세의 재상이 되었다. 왕권강화와 국부증진에 탁월한 정치적 수완을 발휘한 마키아벨리즘의 실천가이다.

▼ 코무스의 치세

방법을 제대로 알지 못했다."라는 의미심장한 말을 후세에 남겼다.

　루이 15세는 국왕이란 막중한 임무에서 벗어나, 아늑한 별궁에서 친근한 지기들과 함께 아무런 공식적인 의례 없이 식사하기를 즐겼다. 어느날은 요리를 만들기 위해, 심지어 직접 반죽에 손을 대는 경우도 있었다. 국왕과 친구들은 최고 요리사들로 하여금 최상의 요리를 만들도록 명했으나, 직접 요리하는 경우도 그리 드물지 않았다. 가령 루이 15세는 손수 간단하게 삶은 달걀요리œufs en chemise à la fanatique나 바질소스를 넣은 닭고기 요리poulet au basilic, 또는 종다리 새고기 파이pâtés aux mauviettes를 만드는 것이 취미였다. 오늘날 인기가 있는 퓌레 수비즈purée Soubise도29) 이 시기에 등장했다. 루이 15세는 주신 바쿠스와 코무스Comus,30) 비너스

---

29) 수비즈는 양파 · 버터 · 크림 따위로 만든 소스를 가리킨다.

30) 코무스(Comus)는 그리스 로마 신화에 나오는 축제와 방종의 신이다. 코무스는 또한 '광란축제'를 가리키는 말이기도 하다.

▲ 퐁파두르 백작부인
(1721~1764년)

의 호사를 모두 한 데 누렸다.

국왕의 인생 동반자였던 여성들도 모두 요리에 일가견이 있는 식도락가들이었고, 손수 간단한 요리를 해서 국왕에게 정성스레 바치곤 했다. 첫 번째 부인이었던 마리 레젱스카Marie Leszczynska는 폴란드 국왕의 딸이었다. 그녀는 비범한 식도락가로서 럼주酒에 적신 스펀지케이크의 일종인 '바바오롬baba au rhum'을 발명했다. 또한 한 입에 쏘옥 들어가는 크기의 고기를 넣은 파이나 초콜릿 과자bouchées à la reine를 즐기기로 유명했다. 국왕의 애첩들 가운데 가장 유명했던 퐁파두르 Pompadour 백작부인은 정치적인 영향력을 행사했을 뿐만 아니라, 식도락에도 관심이 많았다고 전해진다. 그녀는 『프랑스 요리사』 Cuisinier françois의 저자이며 자신의 요리사인 뱅상 라 샤펠Vincent la Chapelle의 도움을 받아서 여러 가지 요리들을 발명했다. 퐁파두르 백작부인은 가금요리des filets de volailles à la Bellevue를 즐겨 만들었던 반면에, 또 다른 애첩인 뒤바리 공작부인은 뒤바리 스타일의 어린토끼 안심요리des filets de lapereaux à la Berry를 만들었다고 한다.

18세기 요리의 3대 정신

18세기 중엽에 젤리와 마요네즈를 얹은 냉육, 알자스의 푸아그

라, 자당(설탕) 등 새로운 식품이
등장했다. 그리고 노르망디 지방에
서 마리 하렐Marie Harel이란 여성
이 앞으로 온 세계인의 사랑을 듬
뿍 받게 될 카망베르란 치즈를 발
명했다. 이 시기의 감자는 사람들
의 미신과 편견 때문에 보급화되기
까지 오랜 시간이 걸렸다. 또 파인
애플 같은 이국적인 열대과일들이

◀ 카망베르 치즈를 만드는
마리 하렐

인기가 있었는데, 피라미드 형태로 쌓은 더미나 바구니에 담겨져 식
탁 위에 올려졌다. 또한 노예의 노동력에 전적으로 의존한 자당sucre
de canne이 유입되어, 달콤한 과일 잼과 머랭(설탕과 계란 흰자위로 만
든 크림과자의 일종) 같은 파이가 상류사회에서 크게 유행했다. 계몽
시대의 요리사들은 건강을 상하지 않고 더욱 신선하게, 소화가 잘
되도록 요리를 만듦으로써, 그들이 회식자들의 건강을 보살피는 '의
사médecin'임을 자처했다. 요컨대 18세기의 합리주의 정신은 '자연,
자유, 위생'이라는 이 3대 가치로 간결하게 압축·요약된다.

이 당시 사회계급을 언급한다면, 중세 봉건제도의 해체와 부르주
아 계급의 성장에도 불구하고, 평민계층은 여전히 풍요롭고 다채로
운 귀족의 먹거리 문화에서 소외되어 있었다. 보리죽과 잠두, 완두
콩과 빵이 특히 '제3계급le tiers état'이라 불리는 대다수 도시빈민
들의 기본 식사였다. 도시에서는 위생상의 이유로 채소재배나 양,
돼지, 젖소 등의 사육이 금지되었기 때문에, 가난한 서민들은 대체
로 탄수화물 위주의 식사에 만족할 수밖에 없었다. 그들은 식도락

의 사치란 꿈도 꾸지 못하고, 근근이 생존하기 위해 먹는 것밖에 없었다. 이성을 발현하는 계몽주의 철학의 광휘도 이런 음지의 세계까지는 아직 미치지 못했다.

버터의 승리

과거에는 종교가 오늘날보다 더 크게 사회적인 영향력을 행사했으며, 이는 식도락에 대해서도 마찬가지였다. 사순절이나 축제전야, 여러 가지 종교 단식기간을 모두 합치면, 일 년에 거의 반 이상 술·고기·성생활을 금하는 금욕기간에 해당했다. 이는 결국 여러 가지 예기치 못한 문제점을 유발했는데, 가령 가톨릭 교회가 일정기간 동물성 지방의 섭취를 금하는 경우, 올리브나 호두 같은 식물성

▶ 중세의 사순절. 중세에는 교회가 인간의 육체를 엄격히 다스리고 통제했다. 금욕과 금육의 실천을 원칙으로 하는 사순절 정신을 고양시키는 이 고행기간에는 '빵과 생선'이 성스런 음식의 상징으로 유일하게 허용되었다.

▲ 배불리 먹기, 가면무도
회, 육체의 쾌락을 의미
하는 카니발

기름이 전혀 생산되지 않는 지역에서는 적지 않은 어려움을 겪을 수
밖에 없었다. 중세 루앙지방에서는 사순절 기간 중에도 '버터를 먹
을 수 있는 권리'를 얻기 위해, 부르주아 계급이 일명 '버터의 탑tour
du beurre'이라고 불리는 성당 탑을 짓는 경비를 부담했다. 이러한 금
주, 금욕, 금식기간의 복잡한 규칙들은 16세기 트리엔트 공의회를 기
점으로 17세기부터 크게 완화되기 시작했다. 그래서 사순절이나 단
식기간에도 버터를 사용할 수 있게 되었다. 중세에는 레시피가 전무
했던 버터가 결국 승리를 거두게 되어, 오늘날에는 거의 모든 소스
에 버터가 들어가게 되었다. 사회 엘리트 계층이 버터를 점점 애용하
게 됨에 따라, 버터는 송로버섯처럼 고급요리의 상징이 되었다.

1635년부터 버터 사용이 자유롭게 허용되자 파이 반죽을 접어 쌓아 올리는 '파트 푀이테pâte feuilletée'의 기법이 클로드 즐레 드 툴 Claude Gellée de Toul에 의해 다시 발명되었다.[31] 이 파트 푀이테를 기점으로 다양한 요리들이 발명되어, 볼로방vol au vent을 위시하여,[32] 루이 15세의 조강지처인 마리 레젱스카의 입 속에 들어갈 한 입 크기의 파이bouchées à la reine도 세상에 첫 선을 보이게 되었다.

귀족과 부르주아의 식문화

▶ 아침에 코코아를 마시는
　귀족들

귀족들은 자기 계급의 명예와 위상을 드높이고, 또 다른 계급과의 차별화를 위해서 '아취 bon goût'가 흐르는 훌륭한 요리문화를 꽃피웠다. 이러한 귀족요리의 문화를 향유한다는 것은 대외적인 부의 과시와 신분상승을 의미했다. 이에 신흥계층인 부르주아들은 이를 모방하기 위해 새로운 요리책들의 열렬한 독서광이 되었다. 이 요리책들은 음식 본연의 맛인 자연의 미각을 여러 번 강조했다. 그래서 그랑 퀴진grand cuisine, 즉 프랑스 요리의 세

---

31) 이 파트 푀이테(pâte feuilletée)라는, 버터를 발라 얇게 겹쳐 놓은 반죽은 그리스 시대에 발명되었다.
32) 파이 껍질 속에 고기·생선 따위를 넣은 요리.

계에서는 앙시엔 퀴진과 누벨 퀴진이라는 신구대립이 더욱 첨예화되었다. 앞서 언급한 대로 이 누벨 퀴진은 자연적 단순성simplicité과 순수성pureté을 매우 중시했다. 이 새로운 요리운동은 1740년대부터 시작되었는데, 맛의 원초적 비밀을 찾기 위해 너무 애쓴 나머지, 결과는 복잡하기 이를 데 없었다.

이제 요리는 요리사cuisinier · 과자제조업자pâtissier · 당과제조업자confiseur 등으로 세분화하여, 그야말로 전문가들의 업무가 되었다. 이처럼 당대 최고 요리사와 장인들이 심혈을 기울여 만드는

▲ 귀족들의 수페(super)

고급요리 '오트퀴진'이 루이 14세, 루이 15세, 루이 16세의 궁정을 중심으로 발달하여, 대귀족에서 부유한 부르주아 저택에까지 서서히 퍼져나갔다. 17세기 말에서 1789년 대혁명에 이르기까지 베르사유 궁에 안착했던 프랑스 궁정은 '프랑스식 상차림'과 식사예절의 절정을 구가했으며, 유럽의 다른 궁정들은 모두 앞을 다투어 이를 모방했다. 섭정 오를레앙 공은 작은 야찬, 즉 프티 수페petit souper 와 샴페인을 유행시킨 장본인이었다. 루이 15세 역시 전대의 공식적인 회식과는 구분되는, 은밀한 지기들과 사적인 식사를 좋아하기로 유명했다. 반면, 루이 16세(1774~1792)와 마리 앙투아네트 왕비는 사회적 신분이나 공적, 재능에 따라 선발된 약 40명 정도의 손님들과 사교적인 식사를 즐겼다. 베르사유 궁의 거실이나 별궁에 있는 식당

에서 베풀어진 이 사교모임에서는 정교한 금은 세공장식이나 세브르에서 만들어진 최상품의 도자기가 식기로 사용되었다. 이제 다양한 로코코 문양의 아름다운 도자기가 금은 식기와 대항할 정도로 충분한 경쟁력을 갖기 시작했다. 당시 귀족들 사이에서 유행했던 수페는 극소수의 최고 정예 회식자들을 대상으로, 서빙하는 하인들의 수도 가급적이면 최소한으로 줄이되, 음식의 질은 항상 최고 수준을 유지하는 것이었다. 이처럼 은밀한 사교문화와 결합한 미각의 절대적 탐미주의는 그 당시 퇴폐적인 궁정문화를 잘 보여준다. 당시 식사에 은이나 금으로 도금한 예쁜 종 사용이 보편화되었다. 이는 1662년에 사망한 루이악Rouillac 후작의 발명품이라 전해진다.

▼ 철학자들의 정찬. 살롱과 카페에서 싹튼 철학자들의 명쾌한 대화는 18세기의 전형적인 특징이다.

귀족들의 정찬을 도저히 흉내낼 수 없었던 대다수의 부르주아들은 요리의 가짓수와 음식재료들을 간소화시킨, 이른바 타협의 중간 요리를 탄생시켰다. 이는 부르주아 요리, 또는 지역요리로 불리게 된다. 그러나 항상 신분상승을 열망하던 부르주아들은 1746년에 발간된 므농의 『부르주아 요리사』Cuisinière bourgeoise 같은 책들을 보면서, 귀족의 요리문화를 모방하려고 애를 썼다. 그러나 개화된 귀족들은 건강상의 이유나 평등사상의 고취에 의해 기꺼이 부르주아 요리를 수용하기도 했다. 한편 18세기에는 귀족과 부르주아의 저택에서 식당이 나타나기 시작했고, 장식이 달린 원형이나 타원형의 식탁이 사용되었다. 1750년 경에는 테이블 세트 한 벌이 오늘날처럼 정형화되었다.

근대 레스토랑의 탄생

18세기에 특히 주목해야할 사항은 근대 레스토랑의 탄생을 꼽을 수 있다. 1674년에 프로코프procope 카페가 최초로(사실상 두 번째 카페) 문을 열었는데, 이는 새로운 사상의 문을 여는 효시였다. 전대 선술집이나 카바레의 몽롱한 취기에서 깨어난 사람들은,[33] 이제 해맑은 정신으로 이성을 가지고 커피를 마시면서 철학이나 세상의

---

33) 참고로 당시 18세기에는 두 가지 음주방식이 있었는데, 돈 많은 귀족과 시종들의 규칙적인 음주습관에 반해 서민들은 오직 휴업하는 날, 즉 일요일에만 포도주를 마실 수가 있었다. 산업혁명이 (주류의) 생산양식을 바꾸어 놓을 때까지, 포도주의 가격은 매우 비쌌다. 혁명전야에 포도주 가격은 무려 3배까지 껑충 뛰어올랐으며, 성난 시민들은 급기야 1789년 7월 12일에 입시세(octroi)의 징수를 위해 쳐 놓은 '징세청부업자의 벽'(le mur des fermiers généraux)을 부수게 된 것이다.

개조(개혁 또는 혁명)에 대하여 논하게 되었다. 프로코프는 예술가와 지식인들의 카페로서 볼테르나 디드로, 달랑베르 같은 유명인사들이 드나들었으며, 혁명 중에도 왕성한 지적 · 정치적 활동의 중심지였다. 뮈세, 베를렌, 아나톨 프랑스 같은 작가와 지성인들, 감베타 같은 정치인들의 오랜 만남의 장소이기도 했다. 이 카페에서는 케이크가 곁들여진 커피, 차, 초콜릿, 모든 종류의 과일 잼, 아이스크림, 소르베 등을 내놓았다. 정보교환과 토론의 장으로 각광을 받게 된 지성의 산실로서의 카페는 그 후에 우후죽순처럼 생겨나서, 1721년 파리에는 그 수가 무려 300개나 되었다.

레스토랑의 역사는 1765년에 블랑제Boulanger라는 카페주인이 샹다조Champ d' Oiseaux라는 식당 문을 열면서부터 시작되었다. 주로 평민들이 운영하는 중세의 선술집이나 여관들은 손님들에게 매우 간단하고 소박한 요리를 제공했던 반면, 18세기 후반에 등장한 레스토랑은 다양한 고급요리들을 선보였다. 전자가 여러 사람이 정가로 식사하는 공동식탁table d' hôte을 제공했다면, 후자는 개인용 식탁을 선보였다. 장래가 촉망되는 레스토랑 산업의 촉매제catalyseur는, 바로 다름 아닌 1789년의 프랑스 대혁명이었다. 신분적 특권을 폐지한 혁명은 식도락에도 지대한 영향력을 미쳤다.[34] 이제 최고급 요리사들은 귀족 저택에서 더 이상 고용인으로 일하지 않아도 되었고, '영양nutrition으로 인간 신체를 회복시키기 위해restaurer'[35] 독립적인 자영식당을 열었다. 혁명기의 신흥부자들이 주로 레스토랑

---

34) 1776년에 중세의 길드 같은 직업별 · 직능별 조합단체가 폐지되었다.
35) 이것이 레스토랑(restaurant)의 어원이다.

◀ 18세기 프로코프의 정
경. 왼쪽에서 오른쪽으로
콩도르세, 라 아르프(La
Harpe), 볼테르와 디드로
가 앉아 있다.

을 자주 드나들었다. 이처럼 구귀족들의 전유물이었던 오트 퀴진은
이제 거리로 내려오게 되었고, 위대한 셰프들은 레스토랑에 가야만
볼 수 있게 되었다. 돈 있는 시민이라면 누구나 신분에 관계없이
고급 레스토랑의 테이블에 앉아서, (대부분 형장의 이슬로 사라진) 대
귀족들이 즐기던 산해진미의 음식들을 개인의 취향대로 주문할 수
있었다.

혁명!

혁명은 열광의 시대이기도 했지만, 성대한 향연과 기근 · 굶주림
의 희비가 교차되는 비극의 시대이기도 했다. 혁명의 지도자들 역
시 종종 유명한 식도락가인 경우가 많았다. 이는 혁명의 적으로 간
주되어 사형선고를 받은 죄수들도 마찬가지였다. 돈이 있는 자들은

▲ 루이 16세의 처형식이 그려진 접시

음식점 주인에게 특별히 주문해 온 맛있는 산해진미를 맛본 후에, 단두대의 이슬로 사라졌다!

프랑스 혁명은 길드 같은 동업조합을 폐지함으로써 프랑스 요리의 확장에 결정적인 역할을 수행했다. 1789년부터 모든 요리사들은 어떤 단체로부터의 제약이나 구속 없이 자신이 원하는 대로 음식을 만들어 팔 수 있었다. 1789년에 왕실요리사였던 앙투완 드 보비예 Antoine de Beauvilliers가 팔레 로와이얄Palais Royal 궁 근처의 리셜리외 거리에 오늘날과 유사한 레스토랑을 처음으로 열었다. 그 당시 유행을 따르는 많은 귀족들이 이 레스토랑의 단골손님이 되었다. 공포정치 기간 중에 보비예는 18개월 동안 감옥에 투옥되었으나, 구사일생으로 풀려난 후에 또 다른 레스토랑을 열었다. 이 갈레리 드 발루아Galerie de Valois란 레스토랑은 곧 파리의 식도락의 명소로 자리 잡았다. 이제 위대한 레스토랑 시대의 서막이 열린 것이다. 혁명기간 중에 구귀족들은 해외로 대거 망명을 했으며, 귀족의 호화저택에서 일하던 요리사들은 그만 직업을 잃게 되었다. 그래서 그들은 선택의 여지없이 레스토랑을 하나 둘씩 열게 되었다. 보비예와 마찬가지로, 메오Méot나 베리Véry 같은 요리사들은 국가적인 유명인사가 되었다.

이제 고급요리의 상징인 오트 퀴진은 거리로 나갔고, 위대한 요리사들은 레스토랑의 주인이 되었다. 또한 요리의 노동조건 역시 크게 나아졌는데, 이 시기에 근대적 요리용 화덕(레인지)이 선을 보였다. 이 근대적 발명품 덕분에 강약 세기의 불로 보다 자유롭게 음식을 굽고 익히고 조리하는 일이 가능해졌다. 이 격동과 파란의 세기에 벌써부터 시기상조적으로 '프랑스 식도락의 황금기'를 언급하는 이들도 있었다. 그러나 향후 국제적 식도락의 모델이 될 프랑스 요리기술의 위대한 원리들이 이때부터 속속 등장했으며, 위대한 요리사들이 만드는 요리들은 장차 세계를 일주하게 되며, 위대한 식도락의 고전으로서의 입지를 확고하게 굳히게 된다.

드디어 마침내 피에 굶주린 공포정치la Terreur에서 벗어난 후에, 프랑스인들은 다시 식도락과 삶의 쾌락에 몸을 맡겼다. 18세기의 유혹적이고 은은한 세련미의 극치를 보여준 작은 규모의 수페는 이제 오직 육미肉味의 쾌락만을 꾀하는 식사로 환원되었다. 프랑스는 다시 삶을 영위하기 위해, 새로운 '삶의 처세술un nouvel art de vivre'인 식도락의 품에 돌아온 것이다. 이제 프랑스는 문명사회의 문화 등대와 세계의 중심이 되기를 갈망했다. 그래서 프랑스의 심장부인 파리는 요리와 미각의 세계적인 수도로 우뚝 서게 된 것이다.

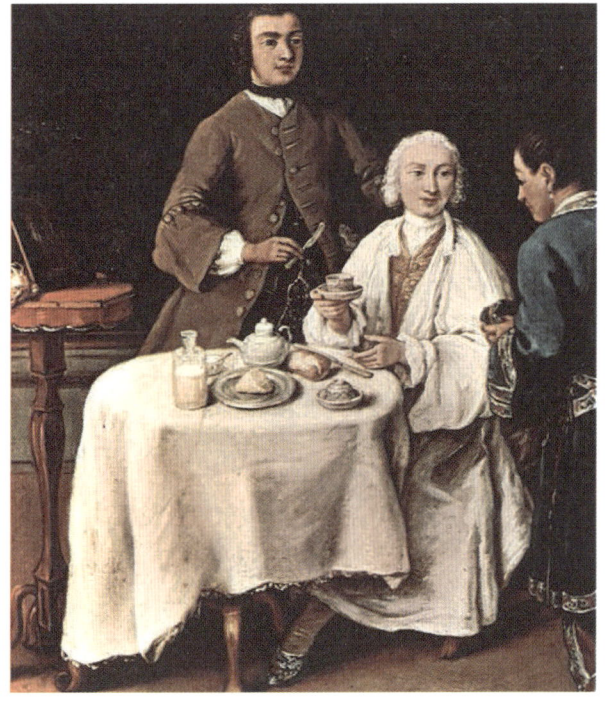

▼ 외식의 역사를
새로 쓴 레스토랑

19세기: 프랑스 식도락의 황금기

자유와 평등사상을 만인에게 설파했던 프랑스 혁명은 정치·경제·문화상의 커다한 변혁을 가져왔다. 그러나 이보다 훨씬 더 조용히 진행된 농업혁명과 기계화, 산업혁명은 인류생활에 미증유의 지각변동을 초래했고, 거기로부터 성장한 부르주아 계급이 19세기 사회의 당당한 주역이 되었다. 그때부터 요리와 식탁예절은 기본적인 사회소속appartenance social을 의미하는 표식이 되었다. 그리하여 19세기에는 세 가지 유형의 요리가 등장한다. '부르주아 요리', '가정요리', 그리고 오늘날 지역요리의 전신인 '시골풍의 요리'이다.

레스토랑의 대유행

혁명의 산물인 레스토랑의 성공기는 오트 퀴진의 형태와 본질을 널리 전파시킨 식도락 문학littérature gastronomique의 등장과도 결코 무관하지 않다. 혁명 때는 100개이던 것이, 나폴레옹 제정 당시에는 600개, 왕정복고기에는 무려 3,000개로 늘어났다. 그러나 당시로서는 매우 혁신적이었던 레스토랑 문화도 사회의 위계질서라는 전통적 굴레를 완전히 벗어나지는 못했다. 그러나 이제 사람들은 레스토랑을 수시로 출입하면서, 자기 형편과 분수에 맞게 식도락의 즐거움을 향유했다.

당시 파리에서는 새로운 시가지들이 유행했으며, 여기에 발맞추어 새로운 레스토랑들이 속속 출현했다. 산업혁명은 그 이전까지

▶ 19세기 평화다방(café de la paix)의 정경

사회 엘리트 계층에게만 국한되었던 레스토랑을 민주화시키는 데 큰 공헌을 했다. 19세기 동안에 이 레스토랑들은 노동자, 장인, 학생들을 주요 고객층으로 받아들였다. 싸구려 식당 가고트gargote, 야외에서 먹고 마시며 춤도 추는 교외의 낭만적인 술집 갱게트guinguette 등이 생겨나서, 비교적 값싼 가격으로도 원기를 회복하는 고기 수프를 먹을 수 있는 안성맞춤의 외식장소를 제공했다.

파리에서 가장 유명한 최고급 레스토랑들은 팔레 로아이얄 궁 근처에 옹기종기 모여 있었다. '카페 드 샤르트'는 오늘날 '그랑 베푸르Grand Véfour' 레스토랑의 전신이라고 할 수 있는데, 종류가 무려 500가지가 넘는 다양한 고급메뉴들을 최상의 엘리트 고객들에게 제공했다. '밀 콜론', '라 메종 슈베', '메종 마리옹-카렘', 또 '카페 드 라 페'가 1822년에 세워졌다. 당시의 유명한 특급 레스토랑들은 이른바 요리사들의 학파를 형성할 정도로 그 권위와 위세를 떨쳤다.

이보다 한 단계 낮은 중위권 레스토랑들은 수적인 면에서 훨씬 우세했다. 주 고객층인 일반서민들을 대상으로 했기 때문에, 그들은 '부르주아 요리'의 간판을 더욱 선호했다. 이 중산층 레스토랑들은 1832년에 세워진 '레스카고 드 몽토괴이L' escargot de Montorgueil'를 롤 모델로 하여, 맛이 훌륭한 전통요리나 재정 부담이 그리 크지 않은 경제적인 요리들을 선보였다.

부이용 레스토랑

한편으로 부이용bouillon 레스토랑이 등장했다. 첫 번째 부이용은 1855년에 영리한 정육업자 피에르 루이 뒤발이란 자에 의해 처음으로 등장했다. 그는 레알les Halles 시장에서 일하는 노동자들에게, 고기 한 접시에 뜨거운 김이 모락거리는 부이용(수프/육수)을 제공했다. 1900년에는 파리에 대략 250개 정도의 부이용 레스토랑이 있었다. 이 부이용은 인기 있는 체인레스토랑의 효시가 되었다. 보다 고급스러운 부이용에서는 손님들에게 독서실이나 다른 위락시설을 서비스로 제공하기도 했다.

▼ 오늘날 부이용 레스토랑.
부이용 라신(Bouillon
Racine)

당시에는 유럽 전역을 통해 아르누보가 건축, 가구, 장식 등에서 한창 유행했던 시기였다. 또한 파리에서 개최된 세계박람회는 이러한 경향을 더욱 부채질했고, 레스토랑 역시 이러한 시대적 유행에 기꺼이 동참했다. 그래서 당시 레스토랑들은 아르누보 스타일의 섬세하고 우아하게 조각된 나무와 도자기, 거울, 글라스 페인팅 기법으로[36] 미려하게 장식되었다. 오늘날에는 그다지 많지 않은 부이용 레스토랑이 남아있는데, 포부르-몽마르트나 라신 거리에 있는 부이용은 가장 바로크적인 아르누보 스타일의 위용을 자랑한다.

▲ 아르누보 스타일의 레스토랑 카퓌신

한편 갱게트는 파리나 프랑스 도시들의 교외에 위치한, 술 마시는 대중적인 선술집이라고 할 수 있다. 그러나 갱게트는 주류뿐만 아니라 여느 레스토랑처럼 음식도 팔았고, 여럿이 춤을 출 수 있는 흥겨운 단체오락의 장소도 제공했다. 갱게트guinguet란 이 독특하고 재미있는 용어는 지역에서 나는 약간 신맛의 가벼운 백포도주를 가리키는 '갱게guinguet'에서 유래했다고 전해진다.

갱게트

18세기에는 일종의 '소비혁명'이 일어나서, 파리 교외나 한산한 마을에서도 물질문화가 붐을 이루었다. 구제도 말기에 파리를 칭칭 에워싸고 있는 '징세청부업자의 벽le mur des fermiers généraux'

---

36) 글라스 페인팅(glass painting)은 유리 물감을 이용하여 컵, 접시, 거울 등에 꽃무늬 등의 다양한 표현을 할 수 있다.

▲ 빈센트 반 고흐가 그린
갱게트의 한가로운 정경

을[37] 벗어난 외곽지대에서는 골치 아픈 입시세를 물지 않아도 되었다. 때문에 서민들은 생활용품 가운데에서도, 특히 술을 매우 저렴한 가격에 구입할 수 있었다. 이는 징세 영역을 벗어난 지역에서의 위락산업의 성장과 발달을 촉진시켰고, 술 마시는 장소의 인적·사회적 네트워크를 널리 형성시켰다. 갱게트가 몰려있는 교외지역들은 특히 일요일이나 휴가철에 인기가 많았다. 파리 시민들은 틈만 나면 주말마다 이러한 교외지역을 방문해서는, 가족 또는 친구들끼리 값싼 술을 마음껏 마시며 기분 좋게 취했다. 오늘날도 갱게트는 물가 근처의 야외 식사 장소를 가리키는 말로 프랑스 전역에 자리하고 있다. 특히 1880년대 철도산업과 '가르 드 라 바스티유gare de la bastille' 역의 건설, 노장 쉬르 마른Nogent sur Marne 지역 같은 파리동부 교외 쪽으로의 잦은 기차 운행이 갱게트의 유행과 성공을 더욱 부추겼다.

갱게트는 센Seine과 마른Marne 지역의 가장자리에 주로 집중되어 있었으나, 일부는 루앙의 교외 근처에도 자리를 잡았다. 그렇지만 모든 갱게트가 물가에 몰려있었던 것은 아니었다. '르 플레시-로뱅송le Plessis-Robinson' 같은 갱게트는 경치가 좋고 아늑한 밤나무 숲

---

37) 징세청부업자의 벽(le mur des fermiers généraux)은 파리를 에워싼 성벽을 지칭했다. 혁명 전에 건설된 이 성벽은 수도를 방어하기 위한 군사적 목적이 아니라, 파리에 입성하는 모든 물자들에 대해 일종의 간접소비세인 입시세를 징수하기 위함이었다. 이 징세청부업자의 벽에 대한 서민들의 원성이 실로 대단했으나, 티에르 성벽까지 파리 경계가 확장되었던 1860년에 가서야 완전히 폐지되었다.

근처에 자리했다. 오늘날 갱게트는 그 당시에 살았던 이들에게는 그리운 향수로 자리하고 있다. 갱게트는 특히 광기의 시대인 1920년대에 부담 없이 가볍게 시간을 보낼 수 있는 멋진 장소로 통했다. 20세기 전반기에 갱게트는 매우 훌륭한 그림 소재가 되었다. 불운했던 천재화가 반 고흐 역시, 갱게트의 한가로운 풍경을 자신의 화폭에 고즈넉이 담았다. 고흐의 그림에서 자주 볼 수 있는 조용하면서도 격렬한 율동과 수없이 꿈틀거리는 그 뭉클한 움직임이 보이지는 않지만, 덩그러니 놓인 빈 의자 위에는 그 자리를 스쳐지나갔을, 비교적 주머니가 가벼운 수많은 갱게트 손님들의 따뜻한 체취가 물씬 느껴진다. 그러나 1960년대 TV의 등장과 더불어, 당국이 강가에서 수영을 금지한 이후부터는 갱게트 문화가 갑자기 사양길에 접어들었다. 강가에서 수영을 금지한 주된 이유는 위생과 안전 문제 때문이었는데, 특히 1960년, 70년대의 심각한 오염으로 인해 수질이 급격히 떨어졌고, 또한 익사 위험을 미연에 방지하기 위해 강가에서의 수영을 법으로 금했다.

1960년대부터 갱게트는 과거의 추억이 되었다. 이제 많은 사람들의 기억 속에서 갱게트는 영영 잊혀지는 듯 했다. 그러나 1980년대부터 갱게트가 마른 강을 중심으로 다시 부활의 기지개를 켜기 시작했다. 그래서 현재에도 파리 교외나 마른 지역에서는 보다 모던해진 갱게트 문화가 다시 유행하고 있다.

부르주아 요리

이제 부르주아 요리에 대하여 이야기해 보자. 프랑스 혁명은 최종

▲ 19세기에 식당에서 저녁식사를 하는 부르주아 가족. 뒤에 하녀가 식사시중을 들고 있다. (뉴욕박물관 소장)

승자인 부르주아 시대의 위대한 강림을 알리는 역사적 사건이었다. 구귀족의 바통을 이어받은 이 새로운 경제 계급은 자기계급의 부와 권력을 대내외적으로 표명하기 위해 요리, 즉 식도락을 정치·문화적으로 교묘하게 이용했다. 과거에 "만일 네가 누구인지 모른다면, 네가 뭘 먹는지를 말해주면 내가 가르쳐 주겠다."라는 진솔한 명언이 있다. 이 시기에도 여전히 요리와 식탁예절은 사회계급의 표시가 되었다.

'요리사의 왕' 또는 '왕들의 요리사'라는 별명을 지닌 위대한 요리사 카렘Carême의 영향력 아래, 호화롭고 장식이 많은 부르주아 요리에는 고가의 진귀한 요리재료들이 많이 사용되었다. 푸아그라, 송로버섯, 아스파라거스, 안심 스테이크, 꿩고기, 멧도요, 바닷가재 등이 부르주아 계급의 식탁을 풍성하게 했다. 또한 19세기에는 밥을 먹는 자율적 공간인 식당salle à manger이 크게 발달했다. 부르주아 계급은 널찍한 실내공간에 아름다운 장식과 마호가니 식탁 등 고급스러운 인테리어를 꾸미는 데 열을 올렸다. 또한 모든 음식을 한꺼번에 차려 놓는 프랑스식 상차림 대신에, 한 차례 코스가 끝나면 다음 요리가 순서대로 나오는 '러시아식 상차림service à la Russe'이 정착되었다. 전대의 귀족과 마찬가지로 자기 고유의 화려한 식도락 문화를 구축한 부르주아의 식사는 요리의 '풍성함abondance'과 '다양성multiplicité', 프랑스 요리전통의 '토대fondements'이 세 가지로 특징지어진다.

식도락의 문학

19세기는 대중관광의 서막을 알리는 시대이기도 하다. 세기 초부터 『파리의 저녁식사: 손님들을 위한 가이드』Guide des dîneurs de Paris(1815) 같은 초기 여행서적들이 출판되었다. 식도락 저널이나 문학이 레스토랑 산업의 열기를 더욱 고조시켰고, 문학

◀ 조제프 파브르(1849~1903). 프랑스 요리의 이론가이며 민주주의의 열렬한 신봉자

적 관조와 창조성을 널리 보급 · 전파하기 위해서 식도락 문학과 미식작가들écrivains de bouche이 대거 등장했다. 그리모 드 라 레이니에르, 앙토넹 카렘, 브리아-사바랭, 샤를 뒤랑C. Durand, 샤를 몽스레C. Monselet, 구페J. Gouffé, 알렉상드르 뒤마A. Dumas, 조제프 파브르J. Favre 등을 들 수 있다.

그리모 드 라 레이니에르는 음식에 대한 일종의 강박관념에 사로잡힌 식도락가이며, 식도락 비평의 선구자였다. 그는 1802년에 『미식가들의 연감』l'Almanach des Gourmands이란 책을 펴냈다. 낙천적인 문인이자 식도락가인 브리아-사바랭은 『미각의 생리학』 La physiologie du goût(1825년)의 저자이며, 요리의 예술을 진정한 학문으로 승화시킨 장본인이다. 그는 또한 미각의 역학을 예리하게 분석했다.

샤를 뒤랑은 『요리사 뒤랑』Le cuisinier Durand(1830)이라는 책에

서 '지역요리cuisine régionale'의 개념을 발전시켰다. 그래서 그는 '지역요리의 카렘'이라는 별명을 얻었다. 그는 지역요리, 미지의 토양 요리의 사도임을 자처했으며, 파리에서 그의 고향인 님므 Nîmes의 대구요리 등을 널리 소개했다. 샤를 몽스레는 미식가를 의미하는 '구르메Le Gourmet'를 신문에 칼럼으로 연재했고, 부르주아 계급은 여기서 식도락에 관해 그들이 필요한 지식을 습득했다. 그러나 요리서적의 근본적인 변화는 조리시간이나 음식재료의 중량, 도판l'iconographie이 등장하는 1850년대에 이루어졌다. 요리서적은 요리의 거장들에 의해 계속 출판되어, 이제는 프랑스의 거의 모든 주부들이 요리책을 접할 수 있게 되었다. 이러한 요리책의 성문화(成文化)라는 오랜 전통의 연장선에서, 20세기 초에 요리법전의 최대 편찬자라고 할 수 있는 에스코피에가 『요리가이드』Le Guide Culinaire (1901)를 펴냄으로써 프랑스 요리학을 집대성시켰다.

프랑스 식도락 문학의 창시자, 그리모 드 라 레이니에(1758~1838)

프랑스의 식도락가이며 문인인 그리모 드 라 레이니에는 1758년 11월 20일 파리의 돈 많은 귀족 가문에서 태어났다. 그의 어머니는 상당히 지체 높은 대귀족의 딸이며, 아버지는 매우 부유한 징세청부업자였다. 그는 태생적 불구라는 이유로, 어머니로부터 버림을 받았다. 그의 손은 날 때부터 선천적인 기형이었는데, 그가 요람에서 곤히 자고 있을 때 암퇘지가 느닷없이 달려들어 그만 손을 먹어버렸다는 설도 있다. 가족들은 불구의 손을 가진 그를 항상 멀리했다. 유년시절 알렉상드르의 양육과 교육은 늘 하인들의 손에 맡겨졌고, 성장해서는 곧장 기숙사에 보내졌다. 그는 변호사 자격증을 취득했고, 또한 변호사협회에 등록을 마쳤다. 그러나 청년 변호사인 그리모 드 라 레이니에가 유명해진 것은 바로 식탁 위에서였다. 그는 변호사 동료들을 초대하여, 갈리선 노예의 복장을 한 전과자들에게 그들의 시중을 들도록 했다. 또한 앉아있는 손님들의 다리 사이로 총알을 쏘았는데, 그

▲ 그리모 드 라 레이니에

것은 다름 아닌 네덜란드 치즈로 된 탄환이었다.

샹젤리제에 있는 호화저택에서 부모는 연주회, 파티와 만찬 등을 곧잘 베풀었으나, 아들인 '괴물'이 연회 장소에 얼씬거리지 않도록 항상 주의를 기울였다. 그러한 소기의 목적을 달성하기 위해, 부모는 항상 아들에게 강제로 여행을 시켰다. 그러나 파리에 돌아온 그는 부르주아 계급의 풍속을 우스꽝스럽게 풍자하기 위해, 부모의 한 저택에서 기상천외한 만찬을 벌였다. 만찬의 상석에는 부친의 성장을 걸친 거대한 산돼지를 앉혔다. 손님들은 모두 키득거리며 몹시 즐거워했으나, 그때 갑자기 부친이 돌아오는 바람에 일이 커지고 말았다. 분노한 그의 가족들은 귀양 내지 투옥 따위를 명하는 왕의 봉인장을 얻어냈고, 급기야 그를 낭시 가까이에 있는 수도원에 2년 동안 귀양을 보냈다. 그는 귀양살이 기간 중에 바로 수도원장의 식탁 위에서 잘 먹고 잘 사는 법, 즉 식도락의 예술을 발견했

다. 그러나 그 당시만 해도 아직 그는 정통한 식도락가는 아니었다.

그의 노골성과 기상천외함에 비추어 볼 때, 그는 가히 정상을 벗어난 특이한 식도락가라고 할 수 있다. 그의 가문 역시 식도락에 대한 유다른 숭배로 이미 정평이 나 있었다. 예를 들면 그의 조부는 푸아그라 파테(파이)를 입 속에 가득 문 채 전쟁터에서 사망했다고 전해진다.[38] 그에게는 또 다른 재미있는 일화가 있다. 어느 날 저녁 그의 아버지는 한 음식점에 들어갔다. 그는 칠면조 요리를 주문했다. 그러나 식당 종업원은 그에게 이미 누군가 식당에 있는 칠면조 고기를 몽땅 주문했다고 일러주었다. 그는 불이 이글거리는 화덕 위에서 무려 일곱 개나 되는 칠면조 꼬치구이가 신나게 돌아가는 모양을 지켜보았다. 그는 문제의 고객이 누구인지 대번에 알아보았다. 그는 아니나 다를까 자신의 아들 알렉상드르였다. 아버지는 아들의 엄청난 식욕에 놀라움을 금치 못했다. 아들은 아버지에게 당당하게 이야기 했다. "나리, 가금의 선골부仙骨部에 붙어 있는 살이 항상 눈여겨 볼 가치가 있다고 말씀하셨지요?" 특정 부위의 살을 맛보기 위해 칠면조를 무려 7마리나 주문한 통 큰 아들에게 아버지는 이렇게 대꾸했다. "이러한 관행은 자네 같은 젊은이에게는 돈이 엄청나게 많이 드는 일일세. 그러나 그것이 사리에 어긋나는 비상식적인 일이라고 굳이 말할 수는 없을 걸세."

그는 먹고 살기 위해서 리옹에 도매상을 차렸다. 그는 식료품, 일용잡화와 향수 등을 판매했다. 1792년에 부친이 사망하자 그는

---

38) 푸아그라(fois gras), 즉 거위 간 요리는 1765년 스트라스부르에서 장-조제프 클로즈(Jean-Joseph Close)라는 노르망디 출신의 요리사에 의해서 최초로 발명되었다. 그러나 푸아그라를 만드는 기술은 고대 이집트까지 거슬러 올라간다.

▲ 식도락의 쾌락에 열광하는 회식자들

파리로 귀환했다. 그는 단두대 처형식의 위험으로부터 자신이 구출해낸 어머니와의 관계도 회복했고, 아버지 유산의 일부도 되찾았다. 그는 샹젤리제에 있는 아버지의 저택에서 기상천외한 만찬들을 열었다.

연극비평이 금지되자, 그는 카페, 레스토랑, 상점 등 당대 식도락의 성지들을 순례하는 정기간행물을 발행할 꿈을 품게 되었다. 그의 독특한 발상의 결실이 바로 『미식가들의 연감』Almanach des gourmands이다. 그 덕분에 식도락 비평이라는 새로운 문학의 장르가 탄생했다.

앙피트리옹을 위한 미식가들의 연감

1803년부터 1812년까지 그는 매년 『미식가들의 연감』을 시리즈로 발행했다. 이 책은 손님을 초대한 주인, 즉 앙피트리옹들에게 무한한 행복을 선사했다. 그는 자신의 유머감각과 기지를 발휘하여, 레스토랑 업자들과 다른 요리 종사자들을 비평했다. 진정한 요리의 연대기라고 할 수 있는 이 저서는 독자들에게 가장 좋은 레스토랑·카페·과자점·식료품점·(식기를 파는) 자기점 등을 발굴하기 위해, 파리의 여러 곳곳들을 두루 찾아다니며 영양가 있는 미식산책을 할 것을 적극 권유했다. 그러나 총체적 요리평가는 개인이 감당하기에는 너무나 힘이 버거운 막중한 과제였기 때문에, 그 이듬해 그는 음식을 맛보는 전문가들의 평가위원회를 결성하기 위해 친구들을 불러 모았다. 이 특색 있는 맛의 평가단에는 민법전 초안으로도 유명한 제2통령 캉바세레Cambacéres를 위시하여 드 퀴시de Cussy 후작,[39] 또 의사이며 식도락가인 가스탈디Gastaldy 등이 있었다. 그들은 정해진 날짜에 그리모 드 라 레이니에의 저택이나 로셰 드 캉칼Rocher de Cancale이란 유명한 레스토랑에서 만나서 레스토랑 업자들이 보낸 산해진미의 요리들을 시식했다. 심사위원단은 요리의 맛을 평가하고, 때로는 화려하고 과장되거나 시적인 이름을 요리에 붙여주었다. 그리고 최종적으로 심사위원단의 인증서를 수여했는데, 이는 품평 받은 요리의 명성을 높여 주었다.[40] 그러나 낮은 평가를 받은 레스토랑 업자들은 앙심을 품고 이의를 제기했으며, 몇몇 심사위원들은 사적인 이해관계 때문에 편파적인 판정을 했다는 비난을 받기도 했다. 결국 법적 소송의 위협까지 받게 된 그리모 드 라 레이니에르는 1812년에 연감 발행의 종지부를 찍었다.

---

39) 루이 드 퀴시 후작은 프랑스의 식도락가이며 그리모 드 라 레이니에의 친구였다. 그리모 드 라 레이니에는 드 퀴시가 치킨을 요리하는 방법을 무려 336가지나 발명했다고 진술했다. 드 퀴시는 『식탁의 위대한 고전작가들』('Les Classiques de la table)이라는 저서를 발간했다.

40) 이러한 시식 평을 준정(準正)을 뜻하는 '레지티마시옹(légitimation)'이라 불렀는데, 최종 평가를 마치면 그리모 드 라 레이니에르는 이를 연감으로 발행했다.

1808년에 선을 보인 『앙피트리옹들의 입문서』는 아마추어 식도락가들을 위해 정기적으로 간행되었다. 이 입문서는 식도락의 쾌락을 위한 예의범절 내지 일종의 처세술savoir-vivre을 담고 있다. 즉 현대인들도 배워두어야 할 식도락에 관한 예의범절의 경전이라고 할 수 있다. 이 저서는 브리아-사바랭의 『미각의 생리학』La physiologie du goût과 더불어, 식도락 문학의 위대한 금자탑을 이루고 있다. 이 저서가 발간되자 문학비평가인 생트-뵈브Sainte-Beuve는 그를 가리켜 '식탁의 아버지'라 칭송했다.

영원한 식도락의 문인

어머니가 사망하자 그는 막대한 재산의 나머지를 모두 물려받았다. 여배우와 늦게 혼인했던 그는 말년에 빌리에-쉬르-오르주Villiers-sur-Orge에 있는 시골 저택으로 조용히 물러났다. 그는 여기에서도 기억에 남을 만한 만찬을 열었다. 그는 1838년 크리스마스 이브에 80세를 일기로 숨을 거두었다.

그리모 드 라 레이니에는 시골로 은퇴하기 전에 마지막으로 기상천외한 식사접대 이벤트를 열었다. 그는 평가위원단 친구들에게 자신의 장례식 만찬에 참가하라는 초대장을 보낸 것이었다. 그는 상다리가 휘어지도록 차려진 음식의 향연을 함께 나누기 전에, (장례식 동안 관을 올려놓는) 영구대靈柩臺 위에 앉아서 태연하게 손님들을 맞이했다. 그 후에 그는 빌리에-쉬르-오르주에 있는 자신의 성에서 죽을 때까지 25년동안 은둔생활을 했다.

그는 식도락 문학과 비평의 선구자라고 할 수 있다. 그는 식도락에 매우 조예가 깊은 섬세한 미식가였다. 그는 물론 혁명 이후에도 생존했으나 구제도에 속한 사람으로, 기이하고 냉소적이며 영적인 성격의 소유자였다. 그는 구제도의 몰락과 부르주아 계급 및 레스토랑 문화의 성장을 통해 프랑스 근대요리를 연구한 시대적 증인이었다. 이른바 '식도락 저널리즘'을 창시한 그리모 드 라 레이니에의 저서들은 프랑스 요리 역사의 불후의 고전이라고 할 수 있다.[41] 그는 문학과 식도락의 이상적인 결합을 통해, 진정한 식도락 저널의 발명가가 되었다. 이 식도락의 문인들에게 유일하게 해줄 수 있는 말은 "샴페인을 들어라"이다!

루이 드 퀴시(1766~1837)

▶ 루이 드 퀴시

루이 드 퀴시 후작은 나폴레옹 1세의 제정기와 루이 18세의 왕정 복고기에 궁정의 수석집사를 지냈던 흥미로운 인물이다. 그의 이름은 식도락의 주제들과 연관성이 깊다. 나폴레옹은 그에게 남작의 지위를 수여했다. 그는 여러 가지 요리법들을 발명했는데 그것이 그의 명성을 높여 주었다. 드 퀴시는 파르마에서 나폴레옹이 엘바

---

41) 혁명 이후 일자리를 잃게 된 일류 요리사들은 과거에 섬기던 귀족 대신에, 그들 자신의 독자적인 식도락 예술을 마음껏 구현할 수 있는 새로운 공중과 새로운 식도락의 환경, 즉 근대적 레스토랑이라는 신문화와 조우하게 되었다.

섬을 극적으로 탈출했다는 소식을 듣고 나서, 나폴레옹의 후처인 마리아 루이즈 황후를 비엔나까지 몸소 호위했던 인물이다. 그는 다시 발길을 돌려 튈르리 궁에서 자신의 주인인 나폴레옹 1세를 만났다. 그러나 백일천하가 허무하게 끝나버리자, 그는 갑자기 가난뱅이 신세가 되었다. 그는 원래 천부적으로 화술에 능했고 또한 남의 이야기도 기막히게 잘 들어주는 재주가 있었다. 그는 매력적인 화술과 매너로, 다시 왕정복고기 사람들의 마음을 사로 잡았다.

드 퀴시는 선천적인 식도락가였다. 그는 "누군가 만찬을 베풀 때는 다 그만한 이유가 있다."라는 콜네Colnet의 시구를 그대로 실천에 옮겼다. 조제프 콜네 뒤 라발Charles Joseph Colnet Du Ravel(1768~1832)은 프랑스의 저널리스트이며 서적상, 시인이며 풍자 작가였다. 그는 거의 10년이란 긴 세월을 침묵으로 일관하다가, 1810년에 문인들을 위한 『정찬예술』L' Art de dîner이란 풍자 시집을 출간했다. 피에르 라루스Pierre Larousse는 이를 가리켜 "매우 창의적인 희극풍 문체이며, 그의 작품 중에서 가장 중요한 작품."이라 호평했다. 제1편은 이렇게 시작된다. "나는 내 시에서 가난뱅이 작가가 어떻게 부자 연회에서 높은 고지를 점령하는지를 가르치노라. 나는 과연 그가 어떤 노력과 주의를 기울여 이 아름다운 특권을 보존하는지를 말하리라. 제 집에서 물 컵을 마시는 대신에, 그는 일 세기 동안 남의 식탁에 앉아야 하느니라." 이 기상천외한 시집은 특이하게도 '굶주림으로 사망한 작가들의 전기'를 산문 형식의 부록으로 싣고 있다. 마지막 낭만식객임을 자처하는 콜네의 시집은 조제프 베르슈Joseph Berchoux의 『가스트로노미』(식도락)에 버금가는 놀라

운 성공을 거두었다.[42]

드 퀴시는 콜네의 조언에 따라서 매주 1번씩 만찬을 열었는데, 초대받은 손님들의 숫자는 결코 11명을 넘지 않았다. 최고 요리사들은 그의 부엌을 차지하기 위해 모두 앞을 다투어 싸웠고, 그의 곁에 무려 7년 동안이나 머물렀다. 그가 베푼 정찬의 시간은 대략 두 시간 정도였다. 드 퀴시는 오늘날도 가끔 인용되는데, 그 이유는 그가 『요리예술』Art Culinaire의 저자이며, 또 동시대 식도락가들과 예능인에 대해 기술했기 때문이다. 그는 다음과 같은 식도락의 명언들을 남겼다. "적어도 전문가에게 식도락은 40세 이전에는 결코 가질 수 없는 정열이다.", "요리는 아담의 시대까지 거슬러 올라갈 정도로 매우 오래된 예술이다."

드 퀴시와 아스파라거스

▲ 마르셀 프루스트의 찻잔

드 퀴시는 아스파라거스에 대해 남다른 열정을 지니고 있었다. 드 퀴시가 개발한 '아스파라거스 그라탱'은[43] 금욕기간인 사순절에 축복받은 고행의 음식이었다. 그런데 이 아스파라거스는 유황성분을 지닌 것으로도 유명하다. 이미 그리스인들은 그 최음 효과를 충분히 인식하여, 아스파라거스를 '욕망'

---

42) 조제프 베르슈는 식도락을 의미하는 '가스트로노미(gastronomie)'란 용어를 최초로 발명한 프랑스 시인이자 풍자작가로 알려져 있다.
43) 그라탱은 가루 치즈와 빵가루를 입힌 다음 노랗게 구운 요리이다.

이라 불렀다. 반면에 이집트인들은 아스파라거스를 경계했다. 후일 프랑스 소설가 마르셀 프루스트Marcel Proust는 아스파라거스 덕분에 자신의 요강이 향기로운 향수단지로 바뀌었다고 즐거워했다.[44] 본시 아랍인들이 이 아스파라거스를 스페인에 전달해주었고, 스페인을 통해 다시 프랑스로 유입되었다. 프랑스에서는 대략 16세기 경부터 아스파라거스를 재배하기 시작했다. 그리모 드 라 레이니에 역시 아스파라거스의 최음 효과에 대해 언급한 적이 있다. "이 야채는 오직 부유한 사람에게만 어울린다. 왜냐하면 자양분이 많

▲ 아스파라거스를 발견한 드 퀴시

은 실한 음식도 아니고, 가벼운 최음 효과가 있기 때문이다. 아스파라거스는 매우 델리케이트한 음식이다." 요리 처세술의 가이드에서는 손으로 아스파라거스를 먹도록 허용했다면, 1930년대에 출판된 『손녀들을 위한 예의범절 입문서』Manuel de civilité pour les petites filles에서는 다음과 같이 따끔하게 충고하고 있다. "당신이 유혹하고자 하는 젊은 남성을 나른한 표정으로 쳐다보면서, 아스파라거스를 입 속에 넣었다 뺐다 하지 마시오." '식도락의 왕자'란 별명을 지닌 커농스키Curnonsky는 아스파라거스를 위한 이상적인 조리법을 개발했으며, 그는 이를 가리켜 다소 자극적으로 '열광적 소스

---

44) 마르셀 프루스트(Marcel Proust)는 『잃어버린 시간을 찾아서』(A la Recherche du Temps Perdu)에서 여러 번 아스파라거스를 언급했다. 그는 특히 아스파라거스 요리를 먹고 난 후에 소변에서 나는 아스파라거스의 향을 강조했다.

sauce exaltante'라 칭했다.

황제의 수석집사인 드 퀴시에게는 아스파라거스에 얽힌 재미있는 일화가 있다. 이 일화는 나폴레옹 1세 시대의 프랑스에 마치 유행의 불길처럼 살롱으로 퍼져 나갔다. 드 퀴시에게는 줄리라는 어린 정부가 있었다. 어느 날 아침 그는 파티에 줄리를 초대했으나, 놀랍게도 그녀는 가족행사에 참석해야 한다는 핑계를 대면서 그의 초대를 정중히 거절했다. 그러나 그는 별로 낙담하지 않고 미식가의 정찬을 준비하기 위해 레알 시장에 갔다. 그는 야채상의 진열대 위에 제비처럼 봄을 알리는 아스파라거스 두 단을 발견했다. 그날 첫 번째로 수도에 도착한 봄철 아스파라거스였다. 드 퀴시는 아스파라거스를 몽땅 사고 싶었으나, 그때 마침 그도 잘 아는 한 남성이 그를 앞질렀다. 그는 무척 화가 나기도 했지만, 자신이 운이 없다고 생각하면서 체념했다. 그날 저녁 줄리가 늦게 귀가했다. 그녀는 자신의 하루 일정을 매우 장황하게 떠들었다. 서로 침대에서 포옹하기 전에, 어린 애인은 자연적인 볼일을 보고 싶어 했다. 그 당시에는 요강이 침대 밑에 있었는데, 갑자기 후작이 소리를 버럭 질렀다. "줄리, 네가 오늘 부정을 저질렀구나!" 그러자 놀란 줄리는 후작의 말을 황급히 부인했다. "너 오늘 저녁 어디서 식사를 했지?" 이렇게 그가 다그치자 줄리는 "아까 말씀드린 대로 어머니의 집에서……." 줄리는 제대로 말을 잇지 못했다. "이 영리한 거짓말쟁이야. 너는 스페인 대사의 집에서 오늘 저녁을 먹었지? 그 증거는 바로 여기에 있어. 오늘 파리에는 단지 두 다발의 아스파라거스가 있었어. 그런데 그 저택의 집사장이 바로 내 눈 앞에서 그걸 몽땅 다 사갔단 말이야. 그런데 방금 네가 눈 그 오줌냄새가, 불과 얼마 전

에 네가 그 아스파라거스를 먹었다는 사실을 증명해준단 말이다."
이 일화는 후일 프랑스의 식도락 저널리스트인 로베르 쿠르틴
Robert Courtine의 저서 『아스파라거스 집전』Célébration de l'asperge
에도 수록되었다.

샤를 에프뤼시Charles Ephrussi의 일화로 아스파라거스에 대한 이
야기를 마치기로 한다. 에프뤼시는 매우 부유한 미술수집가였다.
그는 드가, 마네, 모네, 르누아르의 화실을 자주 들락거렸으며, 정
기적으로 그들의 그림을 사들였다. 1880년에 그는 마네에게 아스파
라거스 한 다발을 그려줄 것을 주문했다. 에프뤼시는 완성된 그림
을 보고 너무 만족한 나머지 애초에 주기로 했던 800프랑 대신에
1000프랑을 마네에게 송금했다. 그러자 마네는 그에게 답례의 표시
로 아스파라거스 한 개를 더 그려서 보냈다. 아스파라거스 다발에
하나가 빠졌다면서, 그 가격에 합당한 그림을 보냈던 것이다!

요리사들의 왕, 왕들의 요리사 앙토냉 카렘(1784~1833)

"이 세상에 좋은 요리가 없다면, 문학도, 높고 날카로운 지성도, 우호
적인 모임도, 사회적인 조화도 더 이상 존재하지 않는다."

- 앙토냉 카렘 -

▶ 앙토냉 카렘

앙토냉 카렘은 1784년 파리의
어느 초라한 작업장의 가건물에
서 쓸쓸히 태어났다. 그의 아버
지는 고된 막노동자로 벌써 14
명이나 되는 자식들을 두고 있
었다. 아버지는 카렘이 8살 되던
해에 그를 거리에 내다버렸다.
그런데 운명의 손길은 이 버림
받은 어린 영혼을 어느 허름한
식당으로 인도했고, 그는 거기에
서 처음으로 요리를 배웠다. 나중에 "왕들의 요리사, 요리사들의
왕"이란 명예로운 칭호를 얻게 된 카렘은 가장 싸구려 식당에서 그
의 요리사 경력을 시작했다. 그러나 요리에 천부적 소질을 갖고 있
었던 그는 곧 비상한 두각을 나타냈다. 요리에 대한 미칠 듯한 열
정과 끈기, 너무도 쉽게 너무도 갑작스럽게 개화된 그의 요리술은
단기일 내에 그를 주목받는 인재로 부각시켰다. 그는 17세에 팔레
로와이얄 궁 근처에 있는 유명한 파티시에(과자제조업자) 실뱅 바이
이Sylvain Bailly의 상점에 도제로 들어갔고, 거기서 단골손님인 탈레

랑 외상(1754~1838)을 만났다. 그는 곧 탈레랑에게 발탁된다.

혁명 후의 팔레 로와이알은 항상 사람들이 북적거리는 활기찬 번화가이며, 언제나 세간의 이목을 끄는 유행의 중심지였다. 바이이는 카렘의 재주와 야망을 일찍이 간파했다.[45]

카렘은 데코레이션 케이크의 일인자로 파리에서 명성을 얻었다. 바이이는 과자점의 쇼 윈도에 이를 전시했다. 카렘은 이 거대한 크기의 과자 조형물을 여러 피트의 높이로 쌓아올렸고, 설탕이나 마지팬,[46] 페이스트리 반죽 같은[47] 음식재료로 만들었다. 첫 번째 고용주인 바이이의 개화된 사상 덕분에, 그는 팔레 로와이알 근처에 있는 국립도서관에서 건축사 서적들을

▲ 앙토냉 카렘의 디저트

열심히 탐구할 수 있었다. 그는 책에서 본 탑이나 피라미드, 고대 유적물에서 신비한 영감을 얻어 과자 모형을 디자인했다. 그는 제1통령(나폴레옹)의 식탁에 데코레이션 케이크를 바치는 영광을 얻게 되었다. 회식자들은 상상을 초월하는 어마어마한 케이크를 보고는 모두 탄성과 찬사를 금치 못했다고 한다. 카렘은 거의 잠도 자지 않

---

45) 그때 이미 카렘은 새 주인을 떠날 궁리를 하고 있었다. 그는 드디어 평화의 거리(Rue de la Paix)에 자기 상점을 열었으며, 1813년까지 이를 운영했다.

46) 마지팬은 아몬드, 설탕, 달걀을 섞은 것으로 과자를 만들거나 케이크 위를 덮는 데 쓰인다.

47) 페이스트리는 밀가루에 기름을 넣고 우유나 물로 반죽한 것으로 얇게 겹겹이 펴서 파이 등을 만드는 데 쓰인다.

▲ 샐리 룬 케이크, 해와
달(soleil et lune),
또는 프렌치 솔리렘

고 9~10시간 동안 케이크의 초안을 데생하고, 케이크의 비율과 크기 등을 정확하게 계산했다. 그는 파티스리patisserie, 즉 과자제조가 건축과 뗄 수 없는 불가분의 관계를 지녔다고 생각했다. 그는 다음과 같이 기술했다. "조형예술에는 그림, 조각, 시, 음악과 건축 등 다섯 가지가 있는데, 건축의 가장 중요한 분야가 바로 파티스리다." 그는 또한 거대한 누가와[48] 머랭,[49] 아몬드와 꿀로 만든 바삭바삭한 크로캉과 브리오시를[50] 닮은 솔리렘solilemme 등을 발명했다고 전해진다.[51]

탈레랑과 카렘

그는 프랑스 외교가이며 식도락가인 탈레랑과 나폴레옹을 위시한 파리 상류층 인사들을 위해 훌륭한 요리작품을 창조했다. 처세의 달인 탈레랑에 대해서는 평가가 두 가지로 갈라지는데, 혹자는 그를 유럽사에서 가장 뛰어나고 영향력 있는 외교전문가로 보는 반면, 또 다른 혹자는 그를 배신자, 즉 구제도와 혁명, 나폴레옹과 왕

---

48) 누가는 캔디 종류와 비슷한 양과자이다.
49) 머랭은 달걀 흰자위와 설탕을 섞은 것, 또는 이것으로 구운 과자이다.
50) 브리오시는 둥글게 부푼 모양에 둥글고 작은 꼭지가 달린 빵이다.
51) 솔리렘은 원래 프랑스의 위그노 출신인 샐리 룬(Sally Lunn)이란 여성이 만든 '샐리 룬 케이크'에서 유래했다.

정복고를 차례대로 배반한 노회한 정치가로 보았다. 원래 나폴레옹은 음식에 관심이 없기로 유명했지만, 외교세계에서 사교 관계의 중요성을 충분히 인식하고 있었다. 1804년에 그는 탈레랑에게 파리 교외에 있는 방대한 사유지인 발랑세 성Château de Valençay을 매입하라고 큰돈을 건네주었다. 이 성은 당시 외교모임의 주요활동무대가 되었다. 탈레랑이 그곳으로 이사했을 때, 그는 카렘을 대동했다. 탈레랑은 카렘을 시험하기 위해, 다음과 같이 까다로운 주문을 내놓았다. 요리를 만들 때 오직 제철의 신선한 재료를 사용하되, 결코 똑같은 요리를 내놓아서는 안 되며, 일 년 내내 가치 있는 메뉴를 개발하여 손님들에게 제공할 것을 요구했다. 물론 카렘은 이 시험을 무사히 통과했으며, 탈레랑의 부엌에서 자신의 뛰어난 요리기술을 완성시켰다. 그가 차린 식탁에는 당대의 가장 뛰어난 정치가, 군인, 예술가, 과학자 등이 초대되었다. 카렘은 세련미와 질서, 경제성이라는 3대 원리가 서로 잘 조화되는 최상의 요리를 만들고자 노력했다. 그는 12년간 탈레랑의 저택에서 일했다.

▼ 탈레랑(1754~1838)

　탈레랑은 카렘에게 허브와 신선한 야채를 쓰고, 되도록이면 소수의 엄선된 재료만을 사용하며 또 '소스의 단순화'를 추구한 새로운 스타일의 세련된 요리를 만들도록 명했다. 탈레랑은 유럽 역사상 최대 규모의 국제회의였던 비엔나 회의에 참가한 명사들을 접대하는 유명한 호스트가 되었다.[52] "회의는 춤춘다. 그러나 진행되지는 않는다." 리엔 공작의 일침대로 각국의 이해관계가 충돌하면서 지지부진했던 비엔나 회의가 해산될 무렵에는, 비단 유럽 지도뿐만 아니라 상류층의 요리취미 역시 완벽하게 재편성 되었다.

뚱뚱한 영국 황태자

나폴레옹이 완전히 몰락한 후, 카렘은 영국으로 건너가 후일 조지 4세인 섭정황태자의 요리 시중을 들었다. 당시 황태자는 그를 가리켜 '요리의 대장'이라 칭했다.[53] 카렘은 섬나라 영국에서 2년을 보냈는데, 거기서 매우 체계적이고 건강한 식도락을 선보였다. 그는 매일 아침 영국의 황태자에게 그가 바치는 요리의 고유성과 특징을 조리정연하게 설명해 주었다. 어느 날 뚱뚱한 황태자는 그에게 다음과 같이 호소했다. "카렘, 그대는 짐이 너무 과식해서 죽도록 만들려고 하는가? 짐은 그대가 바치는 음식을 모두 먹고 싶어 한다네. 솔직히 그것은 내게 너무 과도한 유혹이지." 그러자 카렘은 매우 천연덕스럽게 다음과 같이 대꾸했다. "전하! 제 위대한 사무는 다양한 음식 서비스를 통해, 전하의 식욕을 자극하는 것이옵니다. 그러나 식욕을 조절하는 것은 제 임무가 아닙니다."

---

52) 유럽의 크고 작은 90개의 왕국과 53개 공국(公國)의 군주, 정치가들이 참가하는 유럽 역사상 최대 규모의 회의였기 때문에 오스트리아 정부는 각국 대표들을 접대하기 위해 어마어마한 거액을 투자해야 했다.
53) 그는 황태자 시절에 실성한 부친 조지 3세를 대신하여 섭정을 맡고 있었다.

▲ 포크를 입에 물고 있는 소화불량의 탐식가. 황태자 시절의 조지 4세에 대한 풍자화(1792)

오트퀴진의 창시자

　　영국에서 귀국하자마자 카렘은 러시아 황제 알렉상드르 1세의 초청을 받아, 상트 페테르스부르크에 불려가게 되었다. 그러나 곧장 파리로 돌아와서, 이번에는 부유한 은행가인 로스차일드의 수석요리사가 되었다. 그 당시 그의 식탁은 '유럽 최고'라는 칭송을 받았다. 당시 로스차일드는 페리에르의 땅을 몽땅 사들였다. 그는 카렘에게 그 성의 요리를 총지휘해 줄 것을 청하면서, 그곳에서 여생을 마칠 것도 제의했다. 그러나 카렘은 그의 요청을 정중히 거절했다. 그는 30년 동안 요리에 온 열정을 쏟아붓느라고 몸이 많이 쇠약해졌을 뿐만 아니라, 그의 마지막 소원은 여생을 파리의 조촐한 집에

▼ 우측이 카렘인데 판지로 빳빳하게 세운 새로운 스타일의 셰프의 토크(모자)를 쓰고 있다.

서 조용히 보내는 것이었다. 그는 자기 사명이 다 끝나지 않았다고 확신했다. "나는 우리가 살고 있는 이 시대에, 내 요리 작업에 대한 전부를 수록한 책을 발간해야 한다." 그러나 그의 몸은 점점 쇠약해졌고, 그만 병상에 눕게 되었다. 그는 자신의 요리세계의 본질이라고 여겼던 저술 작업을 중도에 포기한 채, 1833년 뇌브 생 로쉬 거리에 있는 파리의 자택에서 48세를 일기로 세상을 떠났다. 혹자는 그가 유독한 연기를 내뿜는 목탄 위에서 일평생 요리를 했기 때문에, 아마도 그것이 그의 수명을 재촉하지 않았을까 추측하기도 한다. 그는 몽마르트의 공동묘

지에 고이 묻혔다. 그는 프랑스 오트퀴진의 개념을 정립시킨, 오트퀴진의 위대한 창시자로 기억된다. 그는 임종에 다다랐을 때 그의 딸에게 자신의 메모들을 받아쓰게 했다. 카렘의 생애는 성실과 고귀함의 표본이었다. 그는 돈보다는, 오직 요리예술을 가장 우선시했다. 그의 요리예술의 개념은 자신의 위대한 품성과 일치한다. 그는 항상 최상의 요리를 왕가의 식탁에 올리는 것을 꿈꾸었다. 그는 데코레이션 케이크를 데생하기 위해, 고전건축에 관한 책들을 다년간 심층적으로 연구했다. 오늘날 현대인들은 카렘 식의 지나치게 화려한 요리 장식을 잘 이해하지 못한다. 현대인은 위생이나 또는 필요에 의해, 식탁에서의 불필요한 겉치레를 가급적이면 멀리한다. 그러나 카렘이 아무리 요리의 '장식'décoration 내지는 장식물의 중요성을 설파했다고 해도, 그도 역시 요리의 기본적인 위생을 여러번 강조했다. 그는 매우 장중한 문체로 파티스리의 건축세계와 예술에 대해 논했다. 카렘의 업적은 소소한 발견에서부터 심오한 이론에 이르기까지, 그 범위가 실로 다양하다. 그는 요리사의 모자인 토크를 개발했으며, 새로운 소스와 요리들을 디자인했다. 또한 그는 네 개의 모집단 소스를 기본 축으로 하여, 모든 종류의 소스들을 그룹별로 일목요연하게 분류하는 서적을 발행했다. 그는 러시아 궁정의 서비스를 마치고 프랑스에 귀국한 후에 모든 음식을 한꺼번에 차려놓는 프랑스식 상차림 대신에, 음식이 차례대로 하나씩 등장하는 러시아식 상차림을 도입한 것으로 알려져 있다. 그러나 일각에서는 그가 매우 보수적이고 완고한 프랑스식 상차림의 옹호자였다고 주장한다.

카렘은 여러 요리책자들을 발행했다. 특히 사망하기 3년 전에 그는 『프랑스 요리의 예술』L'Art de la Cuisine Française이라는 백과 사전적 전집(5권) 중 3권을 발간했다. 거기에는 수백 개의 레시피 와 메뉴, 풍성한 테이블 세팅을 위한 플랜들, 프랑스 요리의 역사, 또 부엌을 어떻게 조직하는가에 대한 지시사항들이 자세히 수록 되어 있다. 『파리의 왕실 파티시에』Le Pâtissier Royal Parisien(1815) 란 저서에서는 근대 과자제조업에 관한 실용적인 고급정보들이 담 겨져 있다. 『프랑스 호텔의 급사장』Le Maître d'hôtel français(1822) 에서는 고대와 근대요리를 비교하고, 사계四季의 변화에 따른 다채 로운 메뉴들을 제시하고 있다. 또한 건축과 파티스리의 상관관계 를 잘 설파한 『상트 페테르스부르크의 미화를 위한 건축안』Projets d'architecture pour l'embellissement de Sainte Petersburg(1821)을 저 술했다.

브리아-사바랭(1755~1826)

식탁의 쾌락은 모든 연령, 모든 조건, 모든 국가, 모든 날들에 해당한 다. 그것은 또한 다른 모든 쾌락들과 연결되며, 우리가 모든 것을 상 실한 후에도 유일하게 우리를 위로해줄 수 있는 마지막 쾌락이다.

- 브리아-사바랭 -

브리아-사바랭은 1755년 프랑스의 벨레Belley에서 태어나 1826 년에 파리에서 사망했다. 그는 프랑스의 법률가·정치가이며, 유명 한 식도락가였다. 로마의 기원을 지닌 유서 깊은 도시 벨레는 브리 아-사바랭의 고향으로 더욱 유명해졌다. 오늘날도 많은 관광객들

▶ 브리아 사바랭의 저서
『미각의 생리학』

이 "제대로 먹을 줄 아는 유일한 재사才士"인 그의 발자취를 더듬기
위해, 기꺼이 벨레를 방문한다. 그의 고향에는 브리아-사바랭의 동
상과 거리, 또 그의 가족이 소유했던 아름다운 귀족별장이 그대로
남아 있다. 그의 이름을 따서 만든 케이크, 가토 브리아-사바랭도
있고, 프로마주(치즈)도 있다. 브리아-사바랭은 비록 요리전문가는
아니었지만 진정한 미식가였다.

벨레의 명망 있는 법률가 집안의 태생이었던 그는 디종에서 법과
화학, 의학 등을 전공했다. 그는 고향으로 돌아와서 변호사 업을 개

▲ 가토 브리아 사바랭

시했다. 대혁명의 원년인 1789년에 그는 삼부회 대표로 선발되어 파리로 상경했으며, 곧 국민의회 의원이 되었다. 그는 특히 사형을 지지하는 공공연설을 통해, 제한적이나마 웅변가로서 명성을 얻었다. 그는 이때 자신의 원래 성 브리아에 사바랭이란 두 번째 성을 붙이게 되었다. 왜냐하면 그는 돈 많은 숙모의 전 재산을 물려받게 되었는데, 단 상속조건이 사바랭이란 숙모의 성을 채택하는 것이었기 때문이다. 그는 벨레로 다시 돌아와서, 1년간 시장직을 맡았다. 그런데 혁명의 막바지에 그의 목에는 묵직한 포상금이 걸렸다. 그는 정치적 망명을 기도했고 처음에는 스위스로 도피했다가, 그 다음에는 네덜란드, 나중에는 신대륙으로 도미했다. 그는 보스턴, 뉴욕, 필라델피아, 하트포드 등지에서 3년간 머물렀으며, 불어와 바이올린 레슨 수입으로 먹고 살았다. 그는 한동안 뉴욕의 파크극장Park Theater의 제1 바이올린 주자였다. 그는 1797년 집정관 시대에 프랑스로 돌아왔으며, 사법관 직을 다시 얻었다. 그는 여생을 판결 파기법관으로 지내면서, 법과 경제에 관한 책들을 출판했다. 그는 평생 독신으로 지냈으나, 그가 이른바 '식스 센스'라고 칭했던 연애의 감정에 결코 문외한은 아니었다. 그는 『미각의 생리학』의 제사題詞를[54] 자신의 아름다운 사촌 줄리엣 레카미에에게 헌정했다. "마담(귀부인에 대한 존칭)! 부디 친절하고 자비롭게, 이 노

---

54) 책의 첫머리에 그 책과 관계되는 노래나 시 따위를 적은 글.

인의 작품을 읽어주기 바라오. 이 책은 그대의 유년시절부터 싹튼 나의 우정에 대한 헌사, 아니 그보다 훨씬 더 부드러운 감정에 대한 경의라오. 내가 어떻게 이런 말을 할 수 있을까? 나 같은 연령의 남성은 이제는 더 이상 심장을 감히 추궁하지 않는다오."

미각의 생리학

그의 유명한 작품 『미각의 생리학-초월적 식도락에 대한 명상』은 1825년 12월에 출판되었다. 그는 책이 출판되고 나서 바로 두 달 후에 사망했지만, 생전에 자기 책의 성공을 한 번

▲ 브리아-사바랭이 미각 분야에 남긴 업적을 기리기 위해 만들어진 브리아-사바랭 치즈

도 의심한 적이 없었다.[55] 브리아-사바랭의 문체는 장황하고 때로는 과도하며, 때로는 경구적이다. 그가 사망한 이래 그의 작품은 반복적으로 재분석 내지 재해석되었다.

『미각의 생리학』은 단순히 요리법을 모아놓은 책이 아니라, 식도락에 대한 과학적이고 철학적인 명상이다. 혹시 제목만 보고 그 위세에 주눅이 드는 독자들이 있을지도 모르겠으나, 이 책은 매우 유쾌하고 재미있는 필체로 식도락에 관한 많은 일화와 추억, 비망록 등을 수록하고 있으며, 미식가의 혜안으로 당시 제정시대 프랑스 사회를 잘 조명하고 있다. 브리아-사바랭의 미식적 쾌락에 대한 진

---

55) 가장 유명한 영역본은 요리작가이며 비평가인 피셔(M. F. K. Fisher)의 번역서이다(1949).

지한 명상은 16세기의 현자賢者 몽테뉴의 『수상록』에서 많은 영감을 얻었다. 그의 박학다식함과 호사가다운 문체 역시 몽테뉴와 상당히 유사하다. 브리아-사바랭은 식도락을 하나의 학문으로 간주했다. 그는 볼테르, 루소, 페늘롱, 뷔퐁, 코셍Cochin 같은 구제도 하의 프랑스 명名문장가들의 문체들을 모델로 삼았다. 그는 고전 라틴어는 물론이고, 근대 5개 국어를 잘 구사할 줄 알았다. 그는 적당한 기회에 이를 과시하는 것도 결코 마다하지 않았다. 그는 나중에 오래된 구어동사 'siroter'를 발견할 때까지, 프랑스어에는 '음료를 홀짝이며 조금씩 마신다'에 해당하는 적당한 표현이 없다고 판단되자, 영어의 'sip'이라는 단어를 주저 없이 채택하기도 했다.

발자크는 16세기 이래 그 어떤 작가도 브리아-사바랭처럼 프랑스 문장에 넘치는 생명력과 활기를 불어넣은 적이 없었노라고 극찬을 아끼지 않았다. 이 책은 나오자마자 커다란 성공을 거두면서 발자크처럼 열광하는 이도 있었지만, 카렘처럼 그를 시기하는 이도 있었고, 보들레르처럼 그를 경멸하는 이도 있었다.

브리아-사바랭은 요리예술을 하나의 진정한 '학문'으로 승화시키기를 갈구했다. 그는 미각의 역학에 대해 매우 자세한 분석을 시도했다. 가령 수척과 비만의 상관관계, 식이요법이 휴식, 단식과 피로, 죽음 등에 미치는 영향력을 진지하게 논했다. 브리아-사바랭은 '저탄수화물 다이어트의 아버지'로도 불린다. 그는 하얀 설탕과 하얀 밀가루가 비만의 근본적인 원인이라 여겨, 탄수화물 대신에 단백질이 풍부한 음식을 권장했다. 가령 늑대나 자칼 같은 육식동물이나 조류들은 결코 비만해지지 않는다. 초식동물들도 비활동 연령이 되기 전까지는 결코 비만해지지 않으나, 감자나 곡식 등을 사료로 먹이면 금방

살이 찐다. 인간도 이러한 보편적인 법칙에서 예외일 수는 없다. 그는 자기 주제를 인과관계에 입각한 하나의 중요한 학문처럼 다루었다. 또한 그는 독자들에게 수많은 일화들을 소개했고, 제 나름대로 유머감각이 넘치는 유려한 문체로 식도락을 옹호했다. 이 책의 백미는 포토프

◀ 요리의 철인
(일본 후지TV)

pot-au-feu와[56] 삶은 고기, 가금류와 사냥해서 잡은 야생 새, 송로버섯, 설탕, 커피와 초콜릿에 대한 그의 독특한 성찰이다.

이 미식가의 철학은 책장을 넘길 때마다 후미에 나온다. "가장 단순한 요리라고 할지라도, 예술가적 기교를 가지고 만든 음식이라면 브리아-사바랭을 만족시키기에 충분하다. 오, 행복한 초콜릿이여! 전 세계를 주유하다가 드디어 여인들의 해맑은 미소의 유혹에 이끌린 달콤한 키스에 이어, 그녀들의 입 속에서 사르르 녹음으로써 황홀한 죽음을 맞이하노라! 소화불량으로 고생하거나, 술고래들은 먹고 마시는 진정한 원리를 모르는 무지한 자들이다."

브리아-사바랭의 명성은 일본 후지TV의 『요리의 철인』에서 일본배우 다케시 카가가 "네가 누구인지 모른다면 네가 뭘 먹는지 얘기해주면 내가 가르쳐 주겠다."라는 브리아-사바랭의 명언을 인용함으로써, 근대 미식가들 사이에서 다시 유명세를 탔다. 1877년에 댈러스(E. S. Dallas)는 브리아-사바랭의 책을 바탕으로 식도락에

---

56) 고기와 야채를 삶은 스튜.

▲ 브리아-사바랭

관한 담론을 펼친 요리책을 하나 출판했는데, 그는 케트너A. Kettner란 필명을 사용했다.

브리아-사바랭의 명언들

• 그는 요리의 뒷맛,[57] 또는 음식의 향기를 음악의 하모니에 비유했다.

• 열렬한 치즈(프로마주) 애호가인 브리아-사바랭은 다음과 같이 얘기했다. "치즈 없는 디저트는 마치 애꾸눈의 미녀와도 같다."

• 너무나 포도주를 좋아하는 남자가 있었다. 그에게 식사 후의 디저트로 탐스런 포도송이를 내놓자 그는 접시를 대뜸 옆으로 치우면서, "나는 포도주를 '환약'으로 먹는 데 아직 익숙하지 않아서."라고 대꾸했다.

• 새로운 행성의 발견보다 새로운 요리의 발견이 훨씬 더 인간을 행복하게 해준다.

• 네가 과연 무엇을 먹는지 얘기해 주면, 나는 네가 누구인지 말해주마!

• 손님을 접대한다는 것은 손님들이 당신 지붕 아래 있는 동안에 그들의 행복을 책임지는 것이다.

• 요리는 가장 오래된 예술 중의 하나이며, 시민 생활에서 가장 중요한 서비스이다.

___

57) 무엇을 먹거나 마신 후 입 안에 남는, 보통 좋지 않은 맛.

- 우주는 생명이다. 살아 있는 모든 것이 먹는다.
- 동물들은 먹이를 먹고, 인간은 음식을 먹는다. 정신세계를 소유한 인간만이 올바르게 먹는 법을 안다.
- 국가의 운명은 그 국가가 과연 어떻게 먹느냐하는 방식에 달려 있다.
- 조물주는 인간이 살기 위해 먹도록 강요하면서도, 식욕으로 인간을 초대하며, 인간에게 먹는 즐거움으로 보상을 해준다.
- 식도락은 판단의 행위이다. 우리는 판단을 통해 우리의 미각에 맞는 음식과 질 낮은 음식의 선호도를 결정한다.
- 식탁은 아침 이른 시각에도 우리가 결코 질리지 않는 유일한 장소이다.
- 음식을 먹는 순서는 가장 자양분이 많은 음식에서부터 가벼운 것으로 옮겨가는 것이다.
- 음료를 마시는 순서는 가장 부드럽고 온화한 것에서부터, 연기처럼 몽롱한 것, 마지막으로 그윽하게 향기 나는 포도주로 옮겨가는 것이다.
- 포도주를 바꿀 필요가 없다고 주장하는 것은 이단이다. 혀가 곧 질려버리기 때문이다. 아무리 좋은 포도주라고 할지라도 세 잔째 마실 때는 혀에 둔탁한 감각만 일깨운다.
- 요리사에게 가장 중요한 자질은 정확성이다. 회식에 초대된 손님의 자질 역시 마찬가지다.
- 지각한 회식자를 나머지 모든 손님들이 너무 오랫동안 기다리는 것은 예의가 아니다.
- 친구들을 접대하는 자가 친구들 개개인에게 식사에 대한 세심

한 배려를 하지 않는다면, 그는 친구를 가질 자격이 없다.

• 주인은 항상 손님들에게 최상의 술을, 안주인은 최상의 커피를 대접해야 한다.

박학다식한 식도락가, 알렉상드르 뒤마(1802~1870)

『몬테크리스토 백작』, 『삼총사』 등으로 우리에게도 잘 알려진 프랑스 소설가인 알렉상드르 뒤마는 정평이 난 식도락가였으며, 스스로 요리사임을 자처했다. 그는 말년에 요리, 요리재료(향신료, 채소와 동물들), 디저트, 3천 가지 요리법에 관한 전문용어 사전인 『대요리사전』Grand Dictionnaire de Cuisine(1879)의 집필에 몰두했다.

그는 프랑스 문인들 가운데서도 다작하는 작가 중 하나로 손꼽힌다. 그는 무려 500권이나 되는 책을 쓰기 위해, 자신을 도와주는 흑인 조수들을 여러 명 고용했다. 그는 유작이 된 『대요리사전』으로, 자신의 인생의 대미를 멋지게 장식했다. 그러나 400페이지나 되는 요리사전을 집필하는 데는, 흑인을 한 명도 고용하지 않았다.

▼ 등장인물들의 부이야베스(지중해식 생선스튜)를 준비하는 알렉상드르 뒤마

뒤마는 음식에 조예가 깊은 식도락가로서, 또한 아마추어 요리사로서 요리에 무척 열광했다. 그는 단지 요리법을 단선적으로 나열하는 것이 아니라, 요리에 대한 입체적인 철학을 논했다. 가히 신비한 '식도락의 성전'이라고 할 수 있는 뒤마의 요리사전은 요리에 관한 기이하고 놀랄 만한 역사적 일화들을 집대성하고 있다. 브리아-사바랭의 『미각의 생리학』과 더

불어, 식도락에 헌정된 가장 위대한 서적으로 간주되는 이 사전은
책이나 요리를 애호하는 애서가와 식도락가들이 찾는 매우 희귀본
에 속했다. 뒤마는 이 서적을 자신의 성서로 취급했다. 당대의 가장
유명한 요리사 뷔이모Vuillemot의 친구였던 뒤마는 이 사전을 집필
할 때 그로부터 많은 조언을 얻었다. 뒤마는 단순히 화덕의 기술에
대한 개요보다는, 그가 꿈꾸는 요리세계에 대한 가장 화려한 입문
서를 쓰고 싶어 했다. 어떤 의미에서 이 요리사전은 뒤마 자신의
인생에 대한 소설이기도 하다. 그는 독자들에게 "자신의 뒤를 따르
라!"라고 권유한다. 그래서 그와 함께 식도락의 여행에 동참한 독
자들의 짜릿한 호기심, 미각의 전율과 상상력을 무한정 자극시켜,
마침내 그들을 장엄한 식도락의 성전으로 인도하는 것이다.

오노레 드 발자크(1799~1850)

『인간희극』의 작가인 오노레
드 발자크(1799~1850)도 프랑스
의 위대한 소설가로 몹시 추앙받
는다. 1816년에 그는 소르본 대
학에서 법률을 공부했으나, 1819
년에 학위를 받은 후에 법률의
길을 포기하고 문학의 길을 선택
했다. 유럽문학의 사실주의의 창
시자로 알려진 발자크의 글 쓰는

◀ 오노레 드 발자크

습관은 가히 전설적이다. 그는 원래 일을 빨리 하는 사람은 아니자

▲ 『인간희극』

만, 일단 시작하면 믿기 어려울 만치 놀라운 집중력을 가지고 장시간 내내 고군분투했다. 그가 선호하는 작업 스타일은 오후 5~6시경에 가벼운 식사를 마치고 자정까지 잠을 잔다. 그리고 일어나서 셀 수도 없이 많은 블랙커피를 마시면서, 여러 시간 원고를 집필한다. 어떤 때는 15시간, 아니 그 이상으로 전력을 다해 글을 써내려 간다. 발자크는 오직 3시간만 중간에 휴식을 취한 채, 48시간을 꼬박 작업한 적도 있었다고 주장했다.

그는 매우 정력적이고 왕성한 집필활동을 벌였으나 평생 빚에 쪼들렸다. 창작활동에 몰두할 당시에 그는 온종일 방 안에 틀어박혀 커피를 마시거나, 오직 과일과 달걀만을 먹으면서 글을 써나갔다. 드디어 휴식을 취할 무렵이면, 그는 엄청난 양의 음식을 소비하기로 유명했다.

어느 출판업자와의 점심식사

사업상 점심을 먹을 때는 누가 음식 값을 지불하느냐가 가장 중요했다. 그 후에는 무엇을 먹을지가 심각한 고민거리가 된다. "비싼 로브스터 주문하면, 상대가 값비싼 음식 값을 지불할 능력이 될까? 혹시 비싼 음식을 주문했기 때문에 계약을 파기하면 어쩌나?

그러나 달랑 샐러드 한 접시와 수 돗물을 주문한다면, 아마 소심한 겁쟁이로 보이겠지?"라면서 전전 긍긍했다.

▲ 솔 노르망드

어느 날 발자크는 한 출판업자에게 파리의 유명한 레스토랑 베리Very에서 점심을 함께 하자는 제의를 했다. 그는 발자크가 선택한 최고급 레스토랑이 좀 과하다고 생각했다. 그는 작가의 재정을 고갈시키고 싶지 않다는 배려 때문에, 자신의 식욕을 최대한으로 절제하면서 간단하게 수프와 치킨 윙을 시켰다. 그러나 발자크는 상대방의 전례를 따르지 않았다. 음식사가 질 맥도나Giles MacDonagh에 의하면, 발자크는 그 날 백 개의 오스텐드 굴과, 12개의 양고기 커틀릿, 순무를 곁들인 새끼오리 고기, 구운 자고새요리 한 쌍, 노르망디 스타일의 생선요리 '솔 노르망드sole normande' 등을 차례대로 먹어치웠다. 여기에 물론 그가 먹은 오르되브르나 앙트르메, 과일 등은 추가되지 않았다.

배고픈 출판업자가 군침을 흘리면서 부러운 시선으로 바라보는 사이에 발자크는 가장 비싼 포도주와 술들을 계속 마셨다. 드디어 식사를 마친 발자크는 손님을 응시하면서, 자신의 수중에 돈이 한 푼도 없다는 고백을 했다. "나의 친애하는 동료여! 혹시 돈을 갖고 계신가요?" 출판업자는 공포에 질린 듯한 표정을 지었다. 그의 지갑에는 40프랑밖에 없었다. 음식 값을 전부 지불하기에는 모자란 금액이었다. 그래서 발자크는 5프랑은 팁으로 하고, 나머지 음식

▲ 돼지고기에 고명으로
곁들인 양파 퓌레

값은 불운한 출판업자에게 청구했다. 다음날 출판업자가 62.50프랑의 음식 값을 지불하는 것으로 외상을 달아놓았다.

이 일화에서도 알 수 있듯이 발자크는 명백히 대식가임에는 틀림이 없으나, 또한 매우 부주의한 절제적인 식도락가였다. 그는 창작에 몰두할 때에는 수도승의 복장을 했으며, 식사시간 때문에 작업이 지연되거나 방해되면 몹시 역정을 내기도 했다. 그는 줄곧 블랙커피를 마시면서 저작에 몰입했다. 그가 소설을 쓸 때 디너의 메뉴는 콘소메 수프, 스테이크와 샐러드, 그리고 물 한 컵이 전부였다.

발자크의 음식에 대한 흥미는 가히 백과사전적이었다. 『인간희극』에서는 벼락부자들, 법률가들이 15가지 종류의 생선과 16가지의 과일, 또한 셀 수 없이 많은 음식을 먹는 장면이 나온다. 발자크의 아버지는 세상사에 잘 적응해 나가는 낙천적인 자수성가형 인물이었고, 어머니는 부유한 포목상의 딸이었다. 30세 연하의 어머니는 독서를 좋아하는 섬약하고 예민한 몽상적 영혼의 소유자였다. 늙은 아버지는 장수하기를 바라는 마음에서 나무의 수액을 매일 음용했다고 한다. 이러한 집안배경 덕분에 발자크는 이상하게 뒤섞인 테이블 매너를 갖게 되었다. 그는 마치 농부처럼 거칠게 나이프를 사용해서 음식을 아주 게걸스럽게 먹어치웠으나, 그의 요리적 감수성은 세련되었다. 그의 디너파티에는 항상 주제가 있었다. 어떤 날에는 양파를 주제로 하여, 손님들에게 오직 양파 요리만을 내놓았다. 양파 수프, (발자크 자신이 좋아하는) 양파 퓌레, 양파 주스, 양파 튀

김, 송로버섯을 넣은 양파 요리 등을 접대했다. 이러한 발상은 채소가 설사를 유발하는 효능이 있음을 보여주기 위함이었다. 그의 예상은 적중했으며, 그가 초대한 손님들은 불운하게도 모두 병이 들었다.

▲ 『사촌 퐁스』의 삽화

사촌 퐁스

발자크는 매우 훌륭한 예술적 감정가 connoisseur였다. 그의 소설 『사촌 퐁스』 Cousin Pons가 아주 훌륭한 본보기이다.[58] 주인공 실뱅 퐁스Sylvain Pons는 어찌 보면 저자의 또 다른 자화상이기도 하다. 실뱅 퐁스는 이미 명성을 잃은 가난한 음악가이지만 미술품 수집과 미식美食에 대단한 정열을 가지고 있으며 그의 진정한 벗은 같은 음악가인 독일인 쉬무케Schmucke뿐이다. 천성이 미식가인 퐁스는 수집했던 골동품을 선물삼아 부유한 친척인 사촌 누이동생 일가의 식탁에 매일 밤 얼굴을 내민다. 또한 그는 예민한 감식안 덕분에 전문가로부터 100만 프랑 이상의 가치가 있다고 평가받는 훌륭한 소장품을 많이 가지고 있다. 그러나 자신의 소장품을 빼앗으려는 탐

---

58) 발자크의 소설집 『인간희극』 중의 장편소설로 『사촌 베트』(La cousine Bette)와 한 쌍을 이루는 작품이다. 1847년에 간행되었다.

욕스런 친척의 음모를 눈치 챈 퐁스는 충격으로 쓰러져 전 재산을 친구 쉬무케에게 물려주고 죽지만, 쉬무케는 책략에 의해서 그를 푸대접했던 일가친척에게 재산을 빼앗기고 만다.

이 소설은 선량한 한 노인과 주변 사람들의 재산을 둘러싼 부르주아 사회 이면의 물욕 양상과, 걸맞지 않는 정열에 사로잡힌 인간의 비극을 생생히 묘사했다. 똑같이 파리를 무대로 부유한 일족과 가난한 독신 친척간의 드라마를 그린 자매편 『사촌 베트』(1846)와 함께 저자 말년의 걸작으로 꼽힌다.

식도락의 왕자, 커논스키(1872~1956)

모리스 에드몽 사이앙Maurice Edmond Sailland은 프랑스의 앙제에서 태어났다. 그는 자신의 필명인 커논스키Curnonsky로 더욱 잘 알려져 있으며, 일명 '식도락의 왕자'로도 불린다. 19세기의 유명한 식도락 작가로 65편의 책과 수많은 신문 칼럼들을 집필 또는 대필하기도 했다. 그는 또한 미슐랭 가이드로 대중화된 '식도락 여행의 창시자'로도 간주된다. 그는 미슐랭 타이어 회사의 상징인 '비벤덤'이란[59] 별칭도 갖고 있다. 그의 전기 작가인 아르벨로는 바로 그

---

59) 비벤덤은 콘란 숍과 같은 건물에 있는 레스토랑 겸 카페다. 미슐랭 가이드북을 발간하는 미슐랭 타이어 회사의 건물이었으며, 지금까지 런던의 랜드마크로 사랑받고 있다. 신선한 프랑스 요리를 선보이는 레스토랑, 싱싱한 굴 맛이 일품인 오이스터 바(Oyster Bar), 풀햄 로드를 전경으로 하는 카페, 다양한 해산물을 판매하는 크러스타시아 스톨(Crustacea Stall)을 한 공간에서 만나 볼 수 있다. 레스토랑 내부에는 미슐랭 타이어맨 '비벤덤' 스테인리스 글라스가 있는데, 오전 중 해가 들어올 때 가면 멋진 풍경을 볼 수 있다. 오감만족을 느낄 수 있는 런던 최고의 레스토랑이다.

가 미슐랭 타이어맨인 비벤덤을 주조했다고
한다. 왜냐하면 미슐랭 타이어는 이 세상의 모
든 것, 심지어 장애물까지도 먹어치우기 때문
이다. 그는 마가린이 버터와 동등한 가치를 가
지고 있다는 것을 보증한다면, 평생수입을 보
장해준다는 제의를 받았을 때 버럭 화를 내면
서 "그 어느것도 진짜 버터를 대신할 수 없
다."라고 외친 것으로도 유명하다. 1919년경에
는 지역요리의 부활과 '여행과 식도락의 신성
동맹'을 주장했다. 그는 『식도락의 프랑스』La
France gastronomique란 책을 출판하기 위해서
친구 마르셀 루프Marcel Rouff와 함께 프랑스
전 지역을 방문했다. 이 책은 28개의 가이드북

▲ 미슐랭 타이어맨 비벤덤

으로 요리의 경이와 시골지역에 있는 좋은 여관들을 소개하고 있
다. 그는 계속 식도락에 관한 책자들을 발행했으며, 1953년에는 『프
랑스 요리와 포도주』라는 856페이지의 요리책을 내기도 했다.

1928년에 커논스키는 몇몇의 친구들과 함께 아카데미 프랑세즈
(프랑스 학술원)와 등등한 자격을 지닌, 이른바 '식도락가들의 아카
데미Académie des Gastronomes'를 설립했다. 1947에 그가 창간한
『프랑스 요리와 포도주』Cuisine et Vins de France라는 저널은 오늘
날까지도 발행되고 있다.

그의 이름 커논스키는 라틴어의 cur + non, 즉 '~하면 어때why
not?'의 의미와 노어의 어미인 'sky'의 합성어이다. 1895년 프랑스
에는 러시아의 모든 것이 유행했는데, 그는 자기 이름에 이러한 시

DEIANIRA NESSI VESTEM
PER LICHAM SERVVM HE
RCVLI MITTIT.

▲ 네소스의 튜닉. 하인인 리카스가 가져온 독이 묻은 '네소스의 튜닉'을 입으려는 헤라클레스

대적 조류를 반영했다. 그는 자신의 필명을 그리스 신화에 나오는 반인반수의 괴물 '네소스의 튜닉'에 비유했다.[60] "나 자신은 러시아인도, 폴란드인도, 유태인도, 우크라이나인도 아닌 그저 평범한 프랑스인, 즉 포도주를 좋아하는 주정뱅이sac à vin이기 때문"이라고 그럴듯하게 해명했다. 그는 종종 '식도락 또는 식도락가들의 선거후'로 불리는데, 1927년 3000명의 셰프들의 투표에서 당당히 '식도락의 왕자'로 선발되었기 때문이다. 또한 앙드레 드 로르드가 '공포의 왕자'로 불리는 등, 그 당시에는 왕자 시리즈물이 한창 유행했다. 커논스키는 아파트의 창문에서 떨어져 죽었는데,

---

60) 네소스는 그리스 신화에 나오는 켄타우로스로 헤라클레스에 의해 죽었다. 헤라클레스가 아내 데이아네이라를 데리고 에우에노스 강을 건널 때 네소스가 데이아네이라를 먼저 건너주게 했는데 이때 네소스는 그녀를 겁탈하려고 했다. 이를 본 헤라클레스는 히드라의 독이 묻은 화살을 네소스에게 쐈는데 네소스가 이 화살을 맞고 죽기 직전 자신의 피가 묻은 튜닉을 데이아네이라에게 건네주면서 헤라클레스의 영원한 사랑을 얻으려면 이 옷을 헤라클레스에게 입히라는 유언을 남기고 죽었다. 참고로 튜닉은 고대 그리스나 로마인들이 입던, 소매가 없고 무릎까지 내려오는 헐렁한 웃옷을 가리킨다. 데이아네이라는 이 튜닉을 잘 간직해 두었다. 세월이 흘러 헤라클레스가 이올레와 사랑에 빠지자 질투에 사로잡힌 데이아네이라는 네소스의 말을 믿고 하인인 리카스를 시켜 네소스의 튜닉을 헤라클레스에게 보냈다. 헤라클레스는 아내가 보낸 튜닉을 아무 생각 없이 입었는데 옷에 묻었던 독 묻은 피가 헤라클레스의 몸에 흡수되자 헤라클레스는 미칠 듯한 고통에 휩싸였고 결국 고통을 견디다 못해 스스로 불길 속으로 뛰어들어 죽었다.

당시에 그는 다이어트 중이었기 때문에 아마도 그가 현기증에 의한 졸도로 낙사하지 않았을까 하고 추측하는 이들도 있다. 커논스키는 생전에 복잡한 것보다는 단순한 요리를 옹호했다. 아무래도 에스코피에의 영향력 때문인데, 그는 "무엇보다 우선 단순하게"를 평상시에도 자주 반복했다.

위대한 요리예술의 세계로!

과거에 요리는 '연금술', 다음에는 '화학'으로 간주되더니, 이제는 카렘과 그의 사도들 덕분에 조형예술의 한 분야가 되었다. 건축학에 몹시 열광했던 카렘은 달콤한 설탕 숭배를 위한, 장엄한 예술의 성당(데코레이션 케이크)을 지었다. 때문에 그는 '프랑스요리의 건축가'로도 불린다. 오늘날 카렘의 초호화판 테이블 전시는 가히 현대인의 상상을 초월한다. 그러나 그는 고전건축과 문학에 집착하던, 풍요와 사치의 시대를 살았던 인물이었다. 그를 제대로 평가하려면, 그가 살았던 이러한 시대적 상황을 정확하게 파악하지 않으면 안 된다. 카렘 이전의 프랑스 요리는 뒤죽박죽 뒤섞인 요리들의 집합에 불과했으며, 음식의 질감이나 조화, 풍미, 각 요리의 양립 내지 공존의 가능성은 별로 고려 대상이 아니었다. 그런데 카렘은 요리에 새로운 논리와 질서

◀ 질 구페의 요리책에
등장하는 영계요리

▶ 새로운 주철 오븐

의 개념을 도입했다. "나는 질서와 맛을 원한다." 그의 요리는 소소한 부분까지도 매우 세심하게 공들여 기획되었다. 특히 색, 질감, 향이 잘 배합되고, 균형 있는 조화와 질서를 이루었다. 가령 요리의 주제가 매머드(거대한 코끼리)인 경우, 그는 테이블 전시도 건축가의 정밀도를 가지고 완벽하게 기획하여, 메머드의 웅장함을 시각적으로 잘 표현했다.

19세기에 전통적인 화덕은 새로운 주철 오븐으로 바뀌었다. 이 오븐을 이용해서 그라탱,[61] 달걀 흰자 위에 우유를 섞어 구운 요리 또는 과자인 수플레, 파티스리 등을 만들었다. 쥘 구페Jules Gouffé (1807~1877)는 프랑스의 유명한 셰프이며 파티시에(과자제조인)다. 그는 프랑스의 '데코레이션 요리의 사도'라는 별명을 지니고 있다. 그는 요리에 관한 방대한 지식들을 수집하여 프랑스 식도락의 발전

---

61) 가루 치즈와 빵가루를 입힌 다음 노랗게 구운 요리.

▲ 작은 쇠꼬치를 넣어 만든 연어요리. 쥘 구페의 작품(左), 수플레 감자 요리(右)

에 크게 이바지했다. 그는 저서 『요리책』Livre de Cuisine(1867)에서, 세 가지 종류의 오븐에 대해 언급했다. 포토프[62] 같은 냄비용 요리를 위한 뭉근하고 지속적인 불 세기의 오븐, 불 세기가 균일해야 하는 석쇠구이용 오븐, 마지막으로 불 세기가 지속적인 구운고기용 오븐 등이다.

바로 19세기에 식료품의 장기보존법에 혁명적인 변화가 일어났다. 19세기 초 니콜라 아페르Nicolas Appert는[63] 금속으로 된 깡통이나 저장용 병 같은 밀폐된 용기 속에, 열로 살균 처리된 음식들을 저장하는 법을 개발했다. 그 덕분에 소고기, 토마토, 콩, 아스파라거스, 파인애플, 송로버섯 같은 통조림들이 줄지어 등장했다.

'심미주의의 아버지'라고 할 수 있는 앙토냉 카렘은 요리의 장점과 진미를 최대한 살리기 위해 음식의 맛, 시각과 향을 누누이 강조했다. 그리하여 요리를 작은 쇠꼬치에 끼워 색깔의 배합과 장식의 균형미를 추구하는 동시에, 음식의 맛과 향을 제대로 살렸다. 또한

---

62) 고기와 야채를 삶은 스튜요리.
63) 니콜라 아페르는 프랑스의 요리사 · 양조가이다. 처음 유리병으로 된 병조림을 만들어 '통조림의 시조'로 불린다.

19세기는 감자의 황금기였다. 그동안 상당히 천시 받았던 감자는 이제 프랑스 요리의 보물 중의 하나로 각광받았다. 그중 수플레 감자요리가 특히 인기가 있었다. 디저트 부문에서 가토(케이크) 역시 놀라운 발전을 이룩했으며, 19세기 중반에 잼 제조는 산업화 단계에 이르게 되었다. 설탕 역시 덩어리 형태로 제조되어, 18세기부터 꿀을 대체하기에 이르렀다. 그러나 꿀은 여전히 중요한 식품 중의 하나였다. 꿀은 케이크나 잼을 만들거나, 건강식품으로도 많이 애용되었다.

▼ 에밀 졸라의 『목로주점』

19세기 서민들의 식사

19세기에도 서민들의 식사는 아직도 빵과 같은 탄수화물 식품이 주종을 이루었다. 빵은 서민들에게 더할 나위 없이 신성한 식품이었고, 수프는 그들의 끼니 때마다 나왔다. 19세기의 감자는 기근 시에 식량문제를 해결해 주는, 하늘이 내린 구원의 식품이었다. 또한 포도주 역시 노동자들이 많이 찾는 음료 중의 하나였다. 프랑스 혁명 이래 '자유와 평등'을 설파하는 민주주의의 발달로 이른바 포도주 소비의 '양극화' 현상이 생겼다. 그것은 소수 부유층이 마시는 값비싼 고급 포도주와 대다수 서민층이 애용하는 질 나쁜 포도주 간의 엄청난 사회적 격차현상을 가리킨다.

19세기의 프랑스에서는 포도주와 다른 주류 소비가 매우 급증했다. 제3공화국은 정치적인 자유주의 노선에 따라 민간의 '주류소비'를 아주 용이하게 추진했고, 그 덕분에 프랑스 노동자들은 '알코올 중독'이라는 치명적인 사회악에 물들게 되었다. 파리의 노동자지구에서는 5가구 중에 3가구가 거의 매일 술에 찌들어 살았다. 이러한 대중적인 알코올 소비의 증가는 그렇지 않아도 열악한 노동자들의 식생활을 더욱 악화시키는 주범이 되었다. 그래서 인도주의적 부르주아 인사나 노동자 대표들은 반反음주 캠페인을 대대적으로 벌이기 시작했다. 그렇

▲ 시골농가의 여인. 알프레드 롤(Alfred Roll) (1846~1919)

다면 19세기 서민층 여성들의 식생활은 어떠하였을까? 19세기에 하녀가 된다는 것은 부르주아 가정의 '고용살이'를 의미했다. 즉 사회적 신분의 향상과 보다 나은 삶의 조건을 누리는 것을 말한다. 그러나 그렇다고 해서 부르주아 가정의 하녀들이 주인과 같은 방에서 식사하거나, 주인이 먹는 요리를 똑같이 먹을 수는 없었다. 하녀들의 식사는 매우 간단하고 검소했다. 한편 19세기에도 시골 아낙네들은 배를 곯는 경우가 많았다. 특히 풍작이나 기근의 영향에 따라, 그들의 식사량이나 음식의 질도 매우 불규칙했다.

아름다운 시절 벨 에포크

▶ 벨 에포크 시대의 무도회

프랑스 식도락의 황금기는 '벨 에포크belle époque'에[64] 해당하는 시기라고 할 수 있다. 왜냐하면 바로 이 때 프랑스, 특히 파리가 전 세계요리의 모델로 등극했기 때문이다. 프랑스 국민들은 요리비평 서적이나 심도 있는 담론 덕택에, 여느 유럽 국민들보다 훨씬 맛과 요리, 서비스, 조리법에 대해 전문적이고 조예가 깊었다. 이 시기에 이루어진 화학과 생물학, 산업 등의 진보는 프랑스 요리법의 발달과 그 맥을 같이한다. 프랑스 국민들이 이처럼 음식의 맛과 멋, 미각 등을 잘 이해하고 수준이 높아짐에 따라, 요리사들 역시 이러한 높은 기대치에 부응하여, 보다 세련된 감각에 호소하는 진미의 요리를 만들었다.

바로 이 시기에 주 요리를 시각적으로 먹음직스럽게 빛내주는 고명garniture, 즉 곁들인 야채요리가 등장했고, 단순한 것에서부터 현란한 요리장식décoration들이 선을 보였다. 또 19세기는 농업과 식품산업, 통조림 제조산업, 마가린의 발명, 사탕무로 만든 설탕 등 혁신적

---

64) 프랑스인들은 1895년에서 1914년까지를 벨 에포크(La Belle époque)라 지칭한다. 그것은 돈이나 고귀한 태생에 의해 선택받은 소수에게 아름다운 옷과 산해진미, 사치스런 생활이 절정을 이루었던 시기로, 곧 도래할 세계대전의 참상과 비교된다는 의미에서 과거의 '황금기'를 이르는 말이다.

변화가 일어나 20세기까지
도 계속 이어지게 되었다.

프랑스 식도락의 무용담

프랑스 식도락과 식도락
가들은 이제 요리산업의 무
용담에 직접 참여하게 되었다. 과연 어떻게 2만 명 이상의 회식자
들을 공화주의 연회장에 한꺼번에 초대하여 접대할 수 있겠는가?
1900년 파리세계박람회 기간 중에 파리에서 열린 연회에는 프랑스
전국 각지에서 모여든 시장들 전원 22,965명이 참석했다. 그래서
튈르리 공원에는 거대한 천막이 쳐지고, 이 90분의 단체식사를 위
해서 700개의 테이블과 7km의 식탁보와 냅킨, 125,000개의 접시와

◀ 프랑스 요리의 무용담

▶ 파리국제박람회

55,000개의 포크와 55,000개의 스푼, 60,000개의 나이프, 126,000개의 유리컵이 사용되었다. 6대의 자전거가 서빙을 위해 동시에 행사장을 씽씽 달렸고, 또 한 대의 자동차De Dion-Bouton de 4 CV가 테이블 사이를 다녔다. 또한 요리와 음식 서비스를 위해 3,000명의 전문 인력이 고용되었다. 요리계의 '큰손'인 최고요리사 11명, 요리별 전문요리사 220명, 400명의 조리사, 호텔 급사장 2150명, 손님들의 의복담당 50명이 각각 고용되었다. 연회를 위해 마련된 3,900병의 포도주 가운데, 1,500병은 고급 샴페인이었다.

20세기: 프랑스 요리의 국제화시대

20세기에는 프랑스 요리의 근대화·현대화가 이루어졌다. 셰프는 이제 전문적인 오븐과 냉장고를 사용할 수 있게 되었고, 이른바 키친 스태프brigade de cuisine 제도의 덕을 톡톡히 보게 되었다. 이 근대적인 제도는 19세기 말 런던의 사보이 호텔에서 일했던 에스코피에의 발명품이다. 그는 프랑스 군대에서 배운 군대식 조직제도를 요리에 접목시켜, 이 키친 스태프 제도를 탄생시켰다. 그는 주방을 권위와 책임, 기능의 위계질서에 따라 조직했다. 즉 각 요리사들은 자신의 재능에 따라 분업체제로 구운고기 요리나 디저트 등을 전문적으로 담당하게 되었다. 한편 호텔 같은 접대산업이 놀라운 속도로 번창하였고, 이제 유명한 셰프들은 리츠 같은 특급호텔들을 주무대로 명성을 떨쳤다.

프랑스 고급요리의 국제적 광휘rayonnement와 세련화affinement에 대하여, 아카데미 회원인 마르셀 프레보Marcel Prévost는 "식탁의 대폭락Krach de la table"이라 혹평했다. 대전 전야에 민족주의가 득세하던 시기에 유행했던, 이른바 프랑스 요리의 '범세계주의cosmopolitisme de la cuisine française' 현상은 일부 국수적인 프랑스인들에게는 일종의 문화충격이었다. 이러한 시대적 분위기를 바탕으로 프랑스의 국민적인 식도락 문화를 구현하기 위해, 1900년에 최초로 미슐랭 가이드가 출간되었다. 1912년에 백인회 클럽(파리미식

▼ 리츠 호텔의 테라스
(1908)

협회)은 프랑스의 국민적 요리의 전통을 수호하기 위해, "닭찜요리 poule au pot 하나 제대로 만들지 못하는 나라에서 수입된 요리의 화학공식에 위협받는 국민요리를 구원하자."라는 캠페인을 대대적으로 벌였다. 이 운동은 1차 세계대전 전에 시발되었다가 1920년대에 다시 부흥되었다. 잃어버린 우리의 전통, 즉 중세로부터 이어져온 프랑스 지역요리가 다시 부활된 것이다.

근대 관광의 탄생

▶ 새로운 관광시대

철도와 자동차 등 근대 교통수단의 발달 덕분에 드디어 근대 관광시대의 찬연한 서막이 올랐다. 유럽의 돈 많은 귀족과 부르주아들의 쾌락을 위해 궁전같은 호화판 호텔이나 카지노, 극장 등이 커다란 역마다 하나 둘씩 생겨났다. 이러한 경우 십중팔구 요리사나 호텔 급사장, 고급 레스토랑의 우두머리는 모두 프랑스인이거나, 아니면 프랑스에서 교육을 받거나 프랑스적 소양을 지닌 자들이 맡았다. 이러한 호화판 호텔을 중심으로 우아한 식탁매너와 서비스문화가 재정립되었으며. 1915년에는 니스에 첫 번째 호텔학교가 건립되었다.

또 한편으로 대중문화와 대중관광의 시대가 열리면서, 식도락도 이제는 하나의 매력적인 관광 상품이 되었다. 혹자는 이러한 대중 관광의 시대를 우호적인 기회로, 또 다른 혹자는 이를 위기로 간주했다.

프랑스 요리의 위대한 집성가, 에스코피에(1846~1935)

◀ 에스코피에

카렘에 이어 프랑스와 전 세계의 식도락에 지대한 영향을 끼친 두 사람을 꼽으라면, 프로스페 몽타네Prosper Montagné와 조르주-오귀스트 에스코피에 Georges-Auguste Escoffier를 꼽을 수 있을 것이다. 몽타네는 프랑스의 위대한 요리사 중의 하나로, 프랑스 식도락의 백과사전인 『라루스 가스트로노미크』Larousse Gastronomique(1938년)를 집필함으로써 식도락 분야에 위대한 족적을 남겼다. 그는 젊었을 때 몬테카를로의 대 호텔에서 보조 셰프로 일했는데, 요리의 지나친 데코레이션이나 불필요한 고명 따위를 과감하게 폐기해야 한다는 결론에 도달했다. 만일 에스코피에가 여기에 동참하지 않았다면, 몽타네의 이러한 과감한 시대적 요청은 그냥 무의미하게 사장되고 말았을 것이다. 물론 처음에는 에스코피에도 절친한 지기이며 공동저자인 길베르Philéas Gilbert가[65] "몽타네

---

65) 길베르는 훌륭한 요리사였다.

의 주장이 옳다."라고 그를 집요하게 설득하기 전까지는 별로 반응을 보이지 않았다. 그러나 이제 에스코피에는 요리개혁의 열렬한 신봉자가 되었다. 그는 요리장식의 단순화, 메뉴의 간소화, 또한 서비스의 가속화를 실현했다. 위에서 설명한 대로 각 분야별 요리전문가들의 분업체제인 키친 스태프 제도를 도입하여 요리의 효율성과 전문성을 배가시켰다. 이러한 근대적 요리의 진보는 1880년 경 '러시아식 상차림'의 도입으로 더욱 용이해졌다.

▼ 프랑스식 상차림. 현란한
　세 번째 디저트 코스

러시아식 상차림

그전에는 프랑스식 상차림이 통용되었는데, 이는 식사가 세 가지 코스(또는 서비스)로 구분된다. 한 코스에 등장하는 모든 접시들이, 부엌에서 테이블로 한꺼번에 옮겨진다. 그리고 한 코스가 끝나면, 다음 코스의 음식들이 모두 한꺼번에 등장한다.

첫 번째 서비스에서는 수프에서 육류에 이르기까지, 모든 종류의 음식들이 나온다. 뜨거운 음식은 손님들이 먹기도 전에 식어버리는 경우가 비일비재하다. 두 번째 서비스에서는 냉육과 야채들이 등장하며, 마지막 세 번째 코스는 디저트가 나온다.

러시아식 상차림은 프랑스의 또 다른 위대한 요리사인 펠릭스 위르뱅-뒤부아 Félix Urbain-Dubois가 크게 유행시켰는데, 이제 손님들은 매 코스를 '개인적으로' 서비스 받을 수 있었다. 그래서 음식이 식지 않은 최적의 상태일 때, 손님들은 요리를 맛볼 수 있었다.

▲ 러시아식 상차림을 유행시킨 위르뱅–뒤부아의 작품

페쉬 멜바

에스코피에는 스무 개 정도의 새로운 요리들을 발명했다.[66] 하나는 쌀과 거위 간, 송로버섯으로 속을 채우고, 귀한 송로버섯과 푸아그라를 고명으로 곁들인 구운 더비 치킨 요리poularde à la Derby이다. 그런데 그의 작품으로 이보다 더 유명한 것은 '페쉬 멜바pêche Melba'다. 에스코피에가 런던 사보이 호텔에서 일할 때, 오스트리아의 유명한 소프라노 가수인 넬리 멜바Nellie Melba를 위해 만든 작품이다. 페쉬 멜바는 바닐라 아이스크림 위에 여름의 대표적 과일인 복숭아와[67] 라즈베리(산딸기) 소스를 얹은 디저트이다.

---

66) 특히 에스코피에는 사보이 호텔에서 리츠와 함께 일하면서, 가격이 정해진 정식 메뉴(table d' hote)를 창안하여 고객에게 선보여 부가가치가 높은 수익을 창출함으로써 더욱 유명해졌다.

67) 프랑스어로 복숭아를 페쉬(pêche)라고 한다.

▲ 아몬드가 올려진
페쉬 멜바

1892년에 넬리 멜바는 런던에서 바그너의 오페라 『로엔그린』에 출연했다. 오를레앙 공은 그녀를 저녁만찬에 초대했다. 그때 에스코피에는 오페라 〈로엔그린〉에 등장하는 백조의 멋진 얼음조각상과 함께 새로운 디저트를 내놓았다. 이 달콤한 디저트의 창조적 모티브는 다음과 같다. 솜사탕이 올려진 바닐라 아이스크림의 침상 위에 놓인 복숭아들을 눈처럼 새하얀 백조가 주둥이로 물어서 나른다는 것이다.

그가 수석 셰프로 있는 칼톤 호텔의 개막식 때(1900)는 백조의 얼음 조각상 대신에, 바닐라 아이스크림 위에 복숭아와 라즈베리 퓌레를 얹었다. 때때로 복숭아 대신 배나 살구, 딸기 등을 사용했고, 소스도 약간의 변화를 주었다.

에스코피에의 예술작품들

에스코피에는 자신이 창조한 예술작품에 친구나 유명인들의 이름을 넣는 과거의 전통을 충실하게 따랐다. 투르느도는 소의 필레(살)의 가운데 부분을 이용한 스테이크인데, 그는 '투르느도 로시니 Tournedos Rossini'라는 요리를 개발했다. 이는 부드러운 안심살 위에 푸아그라와 송로버섯을 얹어 놓은 것인데, 이탈리아의 유명한 작곡가인 로시니의 이름을 따서 '투르느도 로시니라' 명했다. 그는 이탈리아 작곡가 베르디나 프랑스의 전설적인

여배우 사라 베르나르Sarah Bernhardt에게도 이러한 최고의 오마주(경의)를 바쳤다.

에스코피에는 또한 '자네트Jeannette'라는 냉육치킨요리를 발명했다. 그것은 빙하로 인해 침몰된 불운한 배의 이름을 따서 만든 요리였다. 그는 배의 형상으로 조각된 얼음상 위에 닭 가슴살로 만든 자네트 요리를 올려놓았다.

에스코피에의 요리 가이드와 그 이후

오늘날 에스코피에가 누리는 불후의 명성은 그가 쓴 훌륭한 요리책들에 기인한다. 『메뉴 책』Livre des menus(1924), 『나의 요리』Ma Cuisine(1934), 동료요리사 길베르와 함께 쓴 『요리 가이드』Le Guide culinaire(1921)를 대표작으로 꼽을 수 있다.

그는 특히 『요리 가이드』에서 수천 개의 메뉴와 프랑스 식도락의 정교한 원리를 잘 명시함으로써, 프랑스 요리를 근대적으로 집대성하였다. 즉, 자기 시대의 고객들의 절대적 필요성에 최대한 부응하

▶ 네 번째 발간된 에스코
피에의 『요리 가이드』
(Le Guide culinaire)
(2001년)

고 프랑스를 지상 최고의 식도락 국가로 만들기 위해 프랑스의 고전요리를 멋지게 재구성했던 것이다. 그는 또한 위대한 호텔 기업가인 세자르 리츠César Ritz와 함께 파리, 로마, 마드리드, 뉴욕, 부다페스트, 몬트리올, 필라델피아, 피츠버그 등지에 초호화 호텔들을 설립했다.

그렇다면 에스코피에 이후 새롭게 재구성된 프랑스의 요리예술은 과연 어디서 그 미래의 해답을 찾을 수 있겠는가? 그것은 다름 아닌 프랑스의 '지역요리'다. 참혹했던 1·2차 세계대전의 포화는 전쟁 전에 큰손이었던 부호 고객들을 앗아가 버렸다. 또 1936년의 유급휴가 덕분에 진정한 식도락의 '대중화'가 이루어졌다. 많은 소小부르주아와 노동자들은 휴가철에 프랑스의 여러 지역들을 방문했고, 거기에서 자신들의 진정한 고향과 어머니의 손맛이 묻어 있는 전통의 '지역요리'를 만날 수가 있었다. 이제 식도락과 연결된 대중관광의 시대가 본격적으로 열린 것이다.

특히, 지역요리는 식도락의 왕

▶ 식도락의 왕자, 커논스키

자, 커논스키의 성공적인 펜대
아래서 더욱 그 빛을 발했다.
프랑스 전 지역의 요리를 소개
하는, 무려 28권이나 되는 커논
스키의 『식도락의 프랑스』La
France gastronomique는 매우
놀랄 만한 성공을 거두었다.

또한 20세기는 '부르주아 요
리'의 승리 시대였다. 이러한
사회적 성공을 입증하듯이, 부

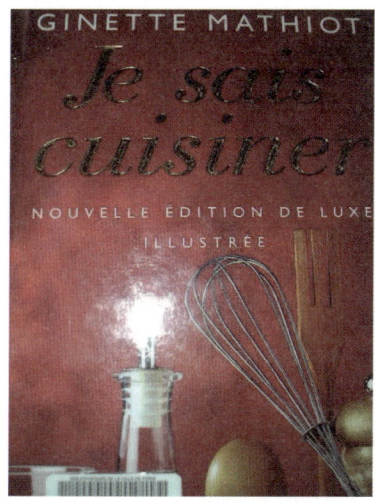

◀ 기네트 마티오의 『나
요리할 줄 알아요』(Je
sais cuisiner)

르주아 독자들을 위한 기네트 마티오Ginette Mathiot의 『나 요리할
줄 알아요』Je sais cuisiner란 책은 오늘날까지도 계속 재再발행되고
있다. 마티오의 책 외에도 많은 요리책들이 발간되어, 요리에 대한
소시민 독자들의 호기심과 갈증을 해소시켜 주었다.

20세기의 누벨 퀴진

1950년대 말에 폴 보퀴즈Paul Bocuse, 미셸 귀에라르Michel
Guérard와 뚱보 삼형제 같은 프랑스의 젊고 야심찬 셰프들이 모여
서, '누벨 퀴진'이라는 자유로운 형태의 요리를 발명했다.[68] 이 누
벨 퀴진은 에스코피에가 이룩한 업적인 '프랑스 요리의 성문화成文

---

68) 프랑스 레스토랑 평론가인 앙리 고(Henri Gault)와 크리스티앙 미오(Christian
Millau), 두 사람이 이를 '누벨 퀴진'이라 명명했다.

化'를 전면적으로 폐기하고, 규칙적이고 구조적인 시스템 대신에, 보다 유연한 요리철학을 도입했다. 그들은 프랑스의 위대한 고전요리에 대항하여 어떤 요리학파를 창출했다기보다는, 도리어 학파에 대립되는 반反요리학파를 형성시켰다. 이 누벨 퀴진의 기본적인 특징은 음식 원래의 맛을 살리기 위해 진한 소스의 사용을 피하고 육수나 국물의 양을 되도록 줄이는 것이다. 커다란 접시 위에 아주 적은 양의 요리를 예술적으로 전시하여 여백의 미를 살리는 동시에, 음식의 디테일한 부분과 프레젠테이션에 무척 신경을 쓴다. 이 누벨 퀴진은 진한 소스의 사용뿐만 아니라, 장시간의 조리시간도 멀리했다. 이 창조적이고 혁신적인 누벨 퀴진은 특히 레스토랑에서 큰 환영을 받았다. 그 결과 프렌치 셰프는 이제 창조적인 예술가로 당당히 우뚝 서게 되었다.

프렌치 와인과 와인소스의 사용

프랑스 식도락은 자국의 요리 천재들 덕분에 세계적으로 유명해졌지만, 또 다른 요리관행에 의해 타의 모범이 되고 있다. 그것은 좋은 음식의 더할 나위 없이 훌륭한 반려자로서, 보르도나 부르고뉴 지방에서 생산되는 질 좋은 포도주를 애용하는 것이다. 생산연도나 생산지, 저장 내지 운송방식에 따라 포도주를 잘 선택하는 것

은 프랑스 식도락의 필
수적인 부분을 차지하
고 있다.

또한 요리의 준비 및
조리과정에서 프랑스
식도락의 든든한 품질
보증마크는 바로 음식
의 향과 질감을 고양시

◀ 불어로 뱅(vin)이라 불리
는 프렌치 와인은 주로
음식과 함께 곁들여진다.

키는 델리키트한 소스라고 할 수 있다. 프랑스 사람들은 와인을 무
척 많이 마시기도 하지만, 음식을 조리할 때도 레드 또는 화이트
와인소스를 많이 사용한다. 소스는 '음식의 기본fonds de cuisine'이
라고 할 수 있는 국물과 함께 준비된다. 이러한 국물은 부글부글
끓어오르는 고기나 뼈, 가금류나 생선조각, 또 야채와 요리의 잡냄
새를 정제시켜 주는 허브 따위를 넣은 진한 육수로 만들어진다. 프
렌치 소스는 무려 수백 가지가 있다고 하지만, 가장 우리에게 익숙
한 기본 소스는 화이트소스, 브라운소스, 토마토소스, 마요네즈 군
群과 크림 모양의 네덜란드 소스의 군群이다. 화이트소스는 주로 가
금류와 생선, 연한 송아지 요리나 야채에 쓰이는데, 밀가루와 버터
를 섞어 익힌 루roux를 이용해서 만든다. 가령 베샤멜Béchamel소스
는 루에 밀크와 양념을 더해 조리한다. 종류가 매우 광범위한 소스
들은 대개 기본적인 화이트소스에서 유래했다.

브라운소스는 주로 색이 붉은 고기와 치킨, 칠면조, 송아지나 사
냥새 요리에 많이 쓰이는데, 부글부글 끓어오르는 고기국물을 장시
간 조리하여 갈색이 될 때까지 뭉근히 끓여낸다. 이 경우에는 버터

▶ 네덜란드 소스가 위에
올려진 하얀 아스파라거
스와 감자요리

와 밀가루를 혼합한 갈
색 루가 사용된다. 브라
운소스 중에 잘 알려진
것은 고기와 야채를 넣
고 푹 삶은 스튜요리인
라구ragout이다.

네덜란드 소스 군도
프랑스 소스의 중요한
일부분을 차지하고 있다. 네덜란드 소스를 과연 누가 발명했는지는
분명치 않으나, 신교도인 위그노 교도들에 의해 네덜란드 소스의 종
주국인 네덜란드에서 프랑스로 전파되었을 것으로 대략 짐작된다.
네덜란드 소스는 마요네즈와 매우 밀접한 관계가 있다. 그것은 달걀
노른자와 레몬주스를 용
해된 버터 속에 넣고, 진
한 노란 크림소스가 될
때 까지 휘저어 만든다.

20세기, 요리의 근대
화와 산업화

20세기 초에 산업혁
명은 인류의 식습관을
현저히 변화시켰다. 전
통적인 장인방식으로

▶ 고기즙이 들어간 약간
짠맛의 소스 비앙독스

생산되던 밀가루나 기름, 설탕, 식초 등이 이제는 제분공장이나 기름판매업체, 정제공장에서 제조되었다. 근대적인 식품산업은 이제는 손쉽게 구할 수 있는 비앙독스viandox 같은 새로운 양념장이나 겨자, 잼, 과일이나 야채통조림을 대량생산 했다. 가정에서 수도나 전기, 가스 사용의 일반화는 현대인의 생활의 근대화를 가져왔고, 주거 공간 역시 간소화되었다. 우선 개인공간인 침실, 그리고 거실과 식당공간이 가족 또는 친지, 친구들과 함께 일상적 사회의례를 행하는 장소가 되었다. 또 손님을 맞이하는 응접실도, 정중한 예의와 격식을 차린 옛날의 우아한 살롱 같지는 않았다.

19세기에 높이 평가받았던 '요리의 예술', 즉 조리법의 중요성은 이제 가정용 기구 제조업인 '아르 메나제Arts Ménagers'로 대체되었다. 아르 메나제는 1923년부터 파리의 특별전시장인 그랑 팔레에 살롱을 열고 가전 냉장고(1923)나, 스팀 냄비(1927), 프로판가스(1933), 가정용 로봇제품(1936) 등을 차례대로 일반에게 전시했다. 특히, 주부들은 그랑 팔레의 전시장에 모여들어 새로 출시된 가전

▲ 프랑스 가정의 단란한 식사

제품들에 커다란 관심을 보였다.

1930~1940년대는 현대인의 바쁜 일상의 리듬에 맞추어 식단의 '간소화'가 불가피하게 이루어졌다.

20세기 초에 정육점, 그리고 나중에 대형소매업인 펠릭스 포탱Félix Potin같은 새로운 식료품 업체들이 생겨났다. '펠릭스 포탱, 다시 가요 Félix Potin, on y revient!'라는 상업 문구처럼, 그곳은 사람들이 모이는 인기장소가 되었고, 이제 주부들은 그곳에서 편리하게 장을 보았다. 1948년에 최초로 파리 18구에 있는 앙드레 메사제 거리에, '굴레-튀르팽Goulet-Turpin'이라는 '셀프 서비스' 상점들이 생겼다. 굴레-튀르팽은 '셀프 서비스의 개척자'라는 것과 프랑스에 최초로 슈퍼마켓을 설립했다는 점에서 유통업계에서 매우 선구적인 역할을 했다.[69] 굴레-튀르팽의 설립자는 셀프 서비스라는 이 혁명적인 개념 앞에서 몹시 당황한 기색을 감추지 못하는 주부들을 설득시켰다. 그러나 아직도 도시나 시골의 부유한 부르주아 가정에서는 장보기나 가사 일을 대부분 집안의 가정부나 요리사에게 맡겼다. 이제 현대인의 식사는 직업별로 다양해지고 간소화되었지만, 보통 모든 가족이 모이는 일요일 식사나, 크리스마스, 약혼식 같은 특별한 행사 때에는 전통식을 따랐다.

---

69) 1948년 7월 6일, 프랑스의 첫 번째 슈퍼마켓이 550m²의 면적에 설립되었다.

1950년에는 일반 가정식인 '퀴진 코티디엔cuisine quotidienne'과 레스토랑용인 '퀴진 뒤 마르셰'가 등장했다. 한편 패스트푸드 레스토랑의 중요성이 커졌고, 패스트푸드 역시 우리 현대인의 일상생활 속에 깊숙이 자리 잡게 되었다. 여기에 대한 저항으로 시간제한 없이 공들여 만든 슬로푸드가 '질적 우월성'을 장점으로 내세우게 되었다. 여기서 '퀴진 드 마르셰'란 직역하면 '시장에서 나온 요리'인데, 전통적인 가정요리와 개념이 매우 비슷하다. 단 음식애호가나 레스토랑의 유명한 셰프들이 시장에서 신선한 재료를 구입한 다음에 이를 직접 요리한다. 또한 '퀴진 뒤 자댕cuisine du jardin' 역시, 문자 그대로 '정원에서 나온 요리'이다. '퀴진 뒤 마르셰', '퀴진

▼ 파리의 무프타르
(Mouffetard) 거리의 시장
에 나온 신선한 야채들

▲ 프로방스의 어느 레스
토랑의 시원한 테라스
전경

뒤 자댕'은 현대사회에 적응해서 나온 전통적인 질qualité을 갖춘 요리이나, 요리방식만큼은 새로운 것들이다. 가정식이든지 레스토랑식이든지 간에 이러한 요리들은 계절의 리듬에 따라서 세 가지 코스, 또는 네 가지 코스로 이루어졌다. 이러한 새로운 방식의 누벨 퀴진은 패스트푸드와는 아무런 공통점이 없다. 그러나 유명 셰프들은 이미 반쯤 준비된 요리나, '프레타 포르테 prêt-à-porter' 같은 즉석요리 부문에서도 새로운 기술을 도입하고, 이를 꾸준히 향상ㆍ발전시키려는 노력을 경주했다. 그래서 다양한 메뉴와 아페리티프 등이 서로 앞을 다투어 공중에게 선을 보였는데, 그럼에도 불구하고 이러한 창조적이고 다양한 요리들에는 매우 동질적인 유사성이 있었다. 오늘날 유럽연합이 말하는 소위 '다양성 속의 합일', 또는 '합일 속의 다양성'이 존재했다.

20세기 말에는 전자레인지처럼 간편하게 음식을 데우거나 조리할 수 있는 새로운 요리기구들이 출시되어 보편화되었다. 이처럼 놀라운 현대 식품산업의 발전과 혁신들은 조리시간을 효율적으로 단축시켰다. 이제 많은 요리사들에게 요리는 과거의 '중노동'이 아닌, '창조적인 여가활동loisir créatif'의 시간이 되었다. 또한 극동지역의 식도락이 수증기로 익히는 조리법을 널리 유행시켰다. 20세기 말에는 새로운 키친스쿨들이 많이 등장했고, 또 새로운 요리창시자들이 요리의 창조성과 다양성에 열렬한 구애와 송시를 바쳤다.

21세기에는 더욱 다양해진 요리기술과 방법들이 국제적 · 세계적 차원에서 혁신적 발전을 이룩했다. 또한 프랑스가 아닌 다른 국가들에서 시작된 요리운동이 활발하게 전개되었으나, 언제나 그 토대는 프랑스의 고전요리에 바탕을 두고 있다고 해도 과언이 아니다. 식도락의 거장으로서의 프랑스의 명성은 아직도 굳건하며, 이제는 전 세계인이 프랑스식의 '잘 사는 법l'art de vivre, 잘 먹는 법 la bonne chère'을 서로 공유하게 된 것이다. 보나페티Bon Appétit!, 자, 많이 드십시오!

에필로그:
접시 속에 담긴 국민정체성

　중세부터 현대까지 프랑스 식도락의 역사를 간단히 살펴보았다. 신분적 '불평등'의 결과로 나타난 중세의 양대 요리, 즉 고전요리와 지역요리가 어떻게 크레이프나 포토프pot-au-feu 같은[70] 프랑스의 국민 요리로 통합되는지 그 기나긴 과정을 살펴보았다. 또한 식탁예절 면에서 공동체주의 문화가 어떻게 개인주의화, 정련화精練化 되어가는지, 또 장인정신에 입각한 요리가 어떻게 산업화 되어가는지 시대별로 고찰했다. 고대와 중세, 르네상스 시대까지 프랑스 식도락 문화를 주도했던 귀족의 바통을 이어 프랑스의 고전요리인 오트 퀴진을 훌륭하게 완성시킨 근대 부르주아 식문화, 식사예절과 요리책의 성문화codification, 또 과거에는 특권층(귀족과 부르주아)의 전유물이

---

70) 고기와 야채를 삶은 스튜요리.

었던 식도락의 민주화·대중화현상 등을 두루 살펴보았다.

프랑스의 미각은 흔히 '접시 속에 담긴 국민정체성identité nationale'으로 종종 비유되곤 한다. 그런데 우리는 여기서 한 가지 의문점을 갖게 된다. 과연 한 국민의 문화가 '먹는다'라는 생리적 기본 욕구에 기초한다고 믿어도 될까?

문화정체성

이 책의 제목에서 나타난 바와 같이, 끝으로 '문화정체성identité culturelle'과 관련하여 프랑스 식도락 문화에 대한 조촐한 단상斷想을 정리하고자 한다. 요즘 문화정체성이란 말이 유행하고 있는데, 도대체 문화에서 정체성을 말할 수 있는가? 문화정체성을 말하게 된 시대적 배경은 무엇인가? 정체성이란 '어떤 한 사물이 본디 그것이게끔 하는 성질' 또는 '어떤 한 사물이 무엇인 바, 그 관점에서 그것을 알아보게 하는 성질'이라고 대략 정의할 수 있다. 이러한 정체성의 밑바탕에는 어떤 '동일성'이 전제되어 있다. 그리고 한 가지 주목해야 할 점은 문화개념이 점점 실용적으로 '도구화'되고 있다는 사실이다. 그래서 문화에 대한 다양한 관심도 이론적 차원의 관심이 아니라, 일차적으로 미래의 문화정책을 수립할 수 있는 도구를 제시하기 위함이다. 과거에 사람들은 주로 종교, 예술, 철학, 과학, 정치학 등의 고차원적인 인간정신 활동만을 고급문화라고 생각했다. 그러나 이제는 고급문화와 저급문화의 단순한 이분법을 떨쳐버리고, 각 사람과 각 민족의 삶의 표현을 문화로 보게 되었다. 예전에는 문화가 '명사'로 이해되었지만, 이제는 보다 역동적인 '동사'로 간주된다. 따라서 문화는 언제나 변화에 관한 이야기며, 기존 문화 패턴의 변형에 관한 역사이다. 이렇듯 문화 개념은 현대에 와서 훨씬 더 넓어졌고 역동적인 개념으로 자리 잡게 되었다.

▲ 가스트로노미는 식사를 잘 준비하는 법, 가령 치즈 같은 음식재료들을 잘 고르고 시식하는 감정예술 (art de déguster)과 연결되어 있다.

가스트로노미(gastronomie, 식도락)

프랑스어의 가스트로노미gastronomie, 즉 식도락은 나라나 사회계급마다, 또 시대적 유행에 따라 약간 차이는 있지만 우선적으로 '잘 먹는 법l'art de faire bonne chère'을 의미한다. 프랑스 아카데미(학술원)의 정의에 따르면, 잘 먹는 법이란 손님을 잘 대접하는 것이다. 19세기부터 손님 접대는 좋은 식사를 준비한다는 의미로 쓰였다. 좋은 식사란 좋은 한 요소이며, 맛있는 식사를 한다는 의미 속에는 식사의 양과 질, 또 음식의 준비과정이 모두 포함된다. 그래서 이 식도락의 예술은 요리법을 수집·적용·발명하며, 음식과 요리를 준비하고 감정한다déguster는 의미에서 예술적인 창조성을 깊숙이 내면화하고 있다. 그래서 진정한 식도락가는 식도락 문화에 상당히 조예가 깊으며 숙고하는 현명한 미식가gourmand이다.

가스트로노미gastronomie란 말은 사람의 '복부'나 '위장'을 의미하는 그리스어의 가스테르gastèr와 법을 의미하는 노모스nomos에서

▲ 고대 그리스의 연회

유래했다. 그래서 가스트로노미는 문자 그대로 위장을 잘 관리하는 예술이다.

고대 그리스 시인이며 최초의 요리저자인 아케스트라투스 Archestratus는[71] 자신의 유머 있는 교훈 시집 『헤디파테 이아(사치의 생활)』 Hedypatheia에서, 식도락의 독자들에게 지중해 세계의 최고 요리가 어디에 있는지를 진술하게 충고해 주었다. 그는 생선을 중점적으로 언급했으며, 또 식욕을 돋우는 전채요리나 포도주도 기술했다. 그의 풍자시는 기원전 4세기나 3세기경에도 제법 유명세를 탄 덕분에, 희극작가 아리스토파네스나 아리스토텔레스 같은 철학자들은 그를 가끔 인용했다. 그러나 그들은 그리스의 고급 매춘부인 필라에니스 Philaenis의 『성性지침서』처럼 독자들을 타락시킨다며, 아케스트라투스의 시를 폄하하는 경우가 대부분이었다. 아데나에우스 Athenaeus는 '선과 쾌락'의 편에서 성의 자극제로서 필라에니스와 아케스트라투스의 '가스트로노미'를 손꼽았다. 그러한 천박한 조류에 편승하는 노예소녀(매춘부)[72]들을 비난하고, 소위 삶의 질을 향상시킨다는 명목 하에 심포지엄 같은 철학자들의 연회를 그러한 외설로 타락시키지 말라고 충고했다(아데나우스의 『철학자들의

---

71) 그는 고대의 시인, 여행가, 그리고 요리사였다.
72) 에밀 리트레(Êmile Littré)는 그의 사전에서 1801년에 프랑스 시인이며 풍자작가인 베르슈가 '가스트로노미(gastronomie)' 란 불어를 최초로 발명했다고 기술했다.

연회』Deipnosophistae에서)[73].

▲ 조제프 베르슈
(1760~1830)

  가스트로노미란 용어는 오랫동안 사람들의 뇌리 속에서 잊혀졌다가, 17세기경 부터 조심스레 다시 문헌에 등장한다. 1801년 조제프 베르슈Joseph Bercheux의 익살스런 시의 제목 『가스트로노미』Gastronomie ou l'homme des champs에서 최초로 근대적 용어가 등장하며, 그 파생어인 식도락가를 의미하는 '가스트로놈gastronome' 역시, 브리아-사바랭의 『미각의 생리학』이 출판된 이래 널리 보편화되었다. 식도락 언어의 마술사인 브리아-사바랭에 의하면, "식도락은 인간이 먹는 한, 인간과 관련된 그 모든 것에 대한 체계적인 지식이다. 식도락의 사명은 가능한 한 최상의 음식을 통해, 우리 인간의 종을 잘 보존시키는 것이다." 그리고 21세기의 식도락은 좋은 음식과 관련된 그 모든 것에 대한 체계적인 과학지식으로 당당히 자리매김했다. 가스트로노미는 음식과 관련된 일종의 사치이고 예술이며, 철학 그리고 과학이다. 또한 사회계급, 국가, 지역, 시대와 유행에 따라서 식도락의 규범도 달라진다. 그러나 한 가지 중요한 사실은 이제 식도락이 프랑스뿐만 아니라 전 세계인이 모두 동참하는 글로벌 문화가 되었다는 것이다. 우리 한국에서도 자동차가 일반에게 보편화되

73) 아테나에우스의 이 책은 고대 그리스의 요리법을 알려주는 중대한 사료이다.

면서, 전국의 맛집을 방방곡곡 찾아다니는 것이 일상문화로 자리 잡게 되지 않았는가?

이처럼 다원주의적이고 역동적 관점에서 문화를 재해석·재조명한다면, 우리가 지금껏 살펴 본 프랑스 식도락과 문화정체성 사이에는 분명히 무언가 연결고리가 존재한다. 프랑스 식도락의 역사는 다름 아닌 '음식'이란 물질세계를 통해서 거꾸로 본 프랑스의 철학사이며 정신사이기 때문이다. 가령 혁명기에 나왔던 '평등의 빵'에서 우리는 프랑스의 자유와 평등 정신을, 지성의 산실이며 집회의 장소인 카페에서는 계몽주의와 혁명사상의 용솟음을 엿볼 수 있다.

과거에 프랑스 식민지였던 세네갈의 한 지도자의 한숨어린 탄식에 의하면, "프랑스인은 항상 만인을 위한 빵과, 만인을 위한 자유와, 만인을 위한 사랑을 설파한다. 그러나 이 빵과 자유, 사랑도 반드시 '프랑스적'이지 않으면 안 된다."라는 것이다. 왜냐하면, 프랑스적인 것은 보편적인 것이기 때문이다. 이와 동일한 맥락에서 프랑스에서는 식도락이 언제나 인류의 행복과 선의 구현을 위해, 만인이 반드시 공유해야 할 보편적인 세계문화유산의 하나로 간주되는 것이다.

가자! 프랑스의 가스트로노미 축제로!

프랑스의 첫 번째 가스트로노미 축제Fête de la Gastronomie가 2011년 9월 23일에 개최되었다. 이 축제는 최근 유네스코에 의해 세계문화유산으로 지정된 프랑스의 식도락 전통을 집단적으로 기리기 위함이다. 이는 거리와 가정, 또는 국가기관에서 모든 프랑스인들이

'음식'이라는 매개체를 통해 하나라는 성스런 혼연일체성을 보여주기 위함이다. 이 멋진 아이디어는 프랑스 관광과 무역부 장관직을 맡고 있는 프레데릭 르페브르Frédéric Lefebvre가 내놓은 것이었다. 또 다른 프랑스의 음악축제인 '페트 드 라 뮤직Fête de la Musique'과 매우 비슷한 발상으로, 마치 성대한 음식의 올림픽 축제처럼 3000여개의 식도락 이벤트가 레스토랑, 요리학교, 지자체, 기타요리 관련기관들에 의해 전국적으로 조직되었다.

클로드 모네의 그림 속에 영원불멸로 간직된 루앙 대성당에서는 이 가스트로노미 축제일을 기념하기 위해, 루앙의 사제들이 현대판 구르메(미식가)들의 식탐죄를 상징적으로 사해주는 의식을 거행했다. 또한 루앙의 호프집 폴Pual 브라스리에서는 루앙 대성당의 계단 앞에서 하루 종일 송로버섯을 넣은 오믈렛을 15유로에, 그물버섯을 넣은 오믈렛 요리를 10유로에 각기 제공했고, 근처 프롱프루아드Frontfroide 수도원의 포도밭에서 만든 포도주를 무료로 제공했다.

▲ 커다란 벽시계가 있는 루앙의 그랑 오를로주의 거리

이 식도락 축제의 심장부라고 할 수 있는 프랑스의 수도 파리에서는 전국적인 '투스 오 레스토랑Tous au Restaurant'이라는 프로모션을 기획해서, 파리의 100개 이상 되는 레스토랑들이 합리적인 가격의 구르메 세트메뉴를 출시했으며, 두 번째 디너는 손님들에게 덤으로 제공했다. 유행의 거리 마레 근처의 트루아 푸아 뱅Trois Fois Vins이란 개인 지하 저장고에서는 포도주 무료 시음회를 가졌다. 한국에도 진출한 프랑스의 유명한 과자점인 다이요Dalloyau는 새롭고 혁신적인 파티스리를 개발하여, 그르넬Grennelle 거리에서 아기자기한 샘플들을 행인들에게 무료 시식하게 하는 행사를 가졌다. 또한 이날 프랑스의 여느 가정에서는 문 앞에 정성스럽게 차린 음식 테이블을 놓아, 지나가는 행인들이 가정요리를 조금씩 맛볼 수 있게 배

려했다. 프랑스 혁명의 삼대 슬로건 중 하나인 '우애fraternité' 정신
이 음식을 통해 제대로 빛을 발하는 순간이었다.

프랑스 식도락은 우선 음식에 대한 남다른 긍지와 국민적 자부심,
프랑스의 축복받은 비옥한 토양에서 자란 훌륭한 요리재료들, 타의
추종을 불허하는 요리기술과 전통, 세계적으로 널리 알려진 명문요
리학교들, 또 각 지방마다 지방색이 강한 진미의 특산요리들로 알차
게 구성되어 있다. 그렇기 때문에 프랑스의 지역요리와 국민요리를
경험하지 않는 것은, 진정으로 프랑스를 경험하는 것이 아니다. 음
식에 대한 프랑스인의 태도를 간단히 말하자면, 그들은 정말 먹는
것을 좋아하고 즐긴다는 것이다. 오죽하면 프랑스인은 음식에, 이탈
리아인은 옷에, 독일인은 집에다 평생을 갖다 바친다는 말이 나왔을

▼ 알자스의 수도 스트라
스부르의 가스트로노미
축제. 기념품으로 축제
머그컵을 나누어 주기
도 했다.

까? 프랑스 요리를 제대로 안다는 것은, 바로 프랑스의 '정체성'과 결혼하는 것이다. 프랑스에서 식사는 매우 정성스럽게, 때때로 느리게 준비된다.

그렇다면 프랑스의 혼과 상징인 예술과 식도락 중에, 과연 어떤 것이 육각형의 평지나라인 낭만적인 프랑스를 대표할까? 정말 어떤 것이 더 프랑스적일까? 누구나 이 우문에 대한 현답을 하기란 쉽지 않을 것이다. 그러나 한 가지 중요한 사실은 모름지기 예술은 유행의 중심도시인 파리에 거의 모두 집결되어 있지만, 프랑스에서 적어도 식도락만큼은 전국 어디에서나 지역색이 강한 꽃을 피우면서, 그 찬란한 식문화 유산의 맥을 이어가고 있다는 점이다.

부록

프랑스 지역요리는 그 지방사에 많은 영향을 받았는데, 가령 알자스 지방은 라인 강 하나를 사이에 두고 독일과 국경이 분리되었기 때문에, 알자스 지방의 명물인 소시지와 양배추 요리 슈크루트choucroute나 달걀 국수 파스타인 슈펫츨러spätzle 역시 독일식 기원을 지니고 있다. 부록 편에서는 언제나 프랑스와 연결되는, 가장 프랑스적인 요리와 음료들을 몇 가지 소개하고자 한다.

코코뱅

코코뱅coq au vin은 닭고기와 버섯(때로는 마늘)을 적포도주 소스에 넣고 푹 익힌 스튜의 일종이다. 코코뱅에 들어가는 포도주는 부르고뉴 산 포도주가 가장 대표적이지만, 프랑스 지역마다 그 지방

▲ 코코뱅. 적포도주로
요리한 치킨요리(左),
포토푸(右)

에서 나는 산지의 포도주를 사용함으로써, 맛과 스타일도 매우 다
양한 코코뱅들이 존재한다. 가령 노란 포도주를 생산하는 쥐라 지
역에서는 노란 코코뱅, 백포도주가 유명한 알자스 지방에서는 리즐
링 코코뱅, 보졸레 지역에서는 햇포도주인 자줏빛 보졸레 누보를
이용한 코코 푸르푸르coq au pourpre, 샹파뉴 지역에서는 샴페인을
넣고 만든 코코 샹파뉴coq au Champagne 등이 있다. 여러 전설들에
의하면, 코코뱅은 고대 골이나 줄리어스 시저 시대로 거슬러 올라
간다. 그러나 코코뱅에 대한 레시피는 20세기 초에나 등장하며, 코
코뱅과 유사한 '풀레 오 뱅 블랑poulet au vin blanc'이 1884년의 요
리책에 등장한다.

포토푸

포토푸pot-au-feu는 '불 위에 올려진 냄비'라는 뜻이다. 한국의 쇠
고기 전골요리와 비슷한, 국물이 있는 비프 스튜요리이다. 프랑스의
셰프 레이몽 블랑Raymond Blanc에 의하면, 포토푸는 "프랑스 가정식

요리의 전형이다. 이 포토푸는 부유한 가정이나 가난한 가정의 식탁에 모두 똑같이 올라가는 요리다."

크레이프

크레이프crêpe는 두께가 종잇장처럼 매우 얇은 평평한 팬케이크로, 과일이나 잼, 또는 크림 따위를 위에 얹어 먹는다. 보통 하얀 밀가루나 메밀(갈레트)을 반죽한 것을 프라이팬에 놓고 버터를 두른 다음 지져서 먹는다. 크레이프라는 프랑스어는 원래 '곱슬털의, 소용돌이처럼 말린'이란 의미를 지닌 라틴어 '크리스파crispa'에서 유래했다. 이 크레이프 요리는 프랑스 북서부 지방의 브레타뉴에서 기원했으며, 이후 크레이프 소비는 프랑스 전 지역에 퍼져 나갔다.

프랑스에서 크레이프는 전통적으로 그리스도 봉헌축일 및 성모의 취결례取潔禮를 기리는 축제일인 성촉절La Chandeleur에 먹는 관습이 있다(2월 2일). 이 성촉절은 원래 성모 마리아를 기리는 날이었으나, 프랑스에서는 '크레이프의 날'로 더 기억되고 있다. '크레이프의 날과 함께' 또는 '국민적 크레이프의 날'이란 구호들은 크레이프를 봉헌하는 전통을 상징적으로 가리킨다. 또한 민간신앙에 따르면, 왼손에 동전 금화 한 닢을 쥐고, 오른손에 쥔 프라이팬의 크레이프를 공중으로 던져서 그것을 바닥에 떨어뜨리거나 놓치지 않고 잡는다면, 당신은 그 해에 부자가 된다!

▼ 딸기잼과 크림을 얹은 크레이프

바게트

▲ 바게트

바게트baguette는 프랑스의 명물인 긴 막대기 빵이다. 바게트란 정식 명칭은 1920년 경에서야 나타났으나, 이미 그전에 길쭉한 막대기 모양의 빵은 존재하였을 것으로 추정된다. 오늘날 바게트는 자타가 공인하는 프랑스 문화의 상징이 되었지만, 프랑스를 대표하는 이 긴 막대기 빵에 대한 문헌을 찾기란 그리 쉽지 않다. 길쭉하면서도 넓적한 빵은 루이 14세 이래 만들어졌고, 길고 가는 모양의 빵은 18세기 중반부터 나타났다. 그리고 19세기에 이르면 바게트보다 훨씬 긴 빵도 나왔다. 보스웰L. Boswell은 여러 가지 일화와 여행, 역사, 자서전, 시, 다양한 수필 등을 담고 있는 어느 저서에서, "6피트의 긴 빵이 마치 쇠 지렛대처럼 생겼네!"(1862)라고 재미있게 묘사했다. 루이 샤를 엘송Louis Charles Elson은 『유럽의 추억담과 뮤지컬, 그렇지 않으면』이란 묘한 제목의 책자에서 "하녀들은 손에 프랑스의 전형적인 아침거리와 1~2야드 정도 되는 긴 막대기 빵을 사들고 서둘러 귀가하고 있었다. 그것이 나에게는 이상한 느낌을 주었다."라고 적고 있다(1898).

이코노미스트Economist지에 따르면, 1920년에 10월 법령이 발효되어, 빵집주인들이 새벽 4시 전에 일하는 것을 금지시켰다. 그러자 빵집 주인들은 고객들의 아침식사를 위한 전통적인 둥근 빵을 제때에 맞추어 만들 수가 없게 되었고, 여기에 대한 대안으로 밀가루를 반죽하거나 굽는 데 비교적 시간이 적게 걸리는 가늘고 긴 빵을 만들게 되었다는 것이다. 그러나 이 기사는 이러한 지식의 출처를 정확하게 명시하지도 않았을 뿐더러, 프랑스에서는 이미 길고 가느다란 막대기 빵이 오래전부터 존재하고 있었다.

무스 오 쇼콜라

무스 오 쇼콜라mousse au chocolat는 공기보다 가볍고, 혀끝에 와 닿는 감촉이 부드러운 디저트다. 프랑스어로 무스mousse는 '거품'을 의미하고, 쇼콜라chocolat는 초콜릿이다. 그래서 무스 오 쇼콜라는 '거품이 이는 초콜릿'으로 번역된다. 거품으로 된 여러 디저트 중의 하나다. 과연 언제 처음으로 이 공기를

◀ 무스 오 쇼콜라

살짝 머금은, 거품의 무스 오 쇼콜라가 등장했는지는 정확히 알려지지 않고 있다. 그러나 1800년대 후반부에 나타난 것으로 추정되고 있다. 1977년에 뉴욕시의 셰프인 미셸 피투시Michel Fitoussi는 하얀 무스 오 쇼콜라를 창조했다. 한동안 이 쇼콜라 무스는 무척 인기가 많았고, 그래서 오늘날에는 두 가지 종류의 무스 오 쇼콜라가 있다. 그러나 프랑스에서는 다크 초콜릿으로 만든 무스 오 쇼콜라가 기본으로 알려져 있다.

에클레어

에클레어éclair는 겉 표면 위에 케이크 장식용으로 쓰이는 당의糖

衣를 입히고, 속에 커스터드 크림을 채운 길쭉한 모양의 케이크다. 당의는 보통 초콜릿이나 커피맛 두 종류가 있다. 에클레어éclair는 프랑스어로 '번개' 또는 '섬광'을 의미한다. 그런데 그 누구도 왜 이 케이크에 하필이면 '번개'라는 이름을 붙였는지 그 이유를 정확히 알지는 못한다. 혹자는 에클레어 속에 부드럽게 용해된 슈크림이 마치 섬광처럼 빛을 발해서, 혹자는 번갯불이 반짝 하는 사이 한 입에 먹어치우기 용이해서 그렇단다.

이 에클레어는 19세기 프랑스에서 기원했으며 전 세계로 널리 퍼져나갔다. 어떤 음식역사가들은 에클레어를 요리계의 대부인 앙토넴 카렘Antonin Carême(1784~1833) 작품으로 보기도 한다.

▲ 에클레어(上),
크렘 브륄레(下)

크렘 브륄레

크렘 브륄레crème brûlée는 단단한 캐러멜 소스를 위에 얹은 커스터드 크림의 일종이다. 바닐라 향의 커스터드 크림 위의 캐러멜 소스가 가열로 인해 약간 눍거나 타버린 크림인데, 보통 차갑게 식힌 상태에서 먹는다. 커스터드 크림은 바닐라를 많이 쓰지만, 레몬, 오렌지, 로즈마리, 초콜릿, 코코넛, 또는 알코올이나 녹차 등을 쓰기도

한다. 크렘 브륄레는 프랑수아 마시알로François Massialot의 요리책
(1691)에서 최초로 언급되었다.

빵과 치즈, 그리고 포도주

프랑스 요리하면 대개 복잡하고, 풍부하며 진한 맛을 가진 것으로
알려져 있지만, 대부분의 프랑스 사람들은 거의 매일 빵과 포도주,
그리고 프로마주를 먹는다.

장인이 만든 프로마주(치즈)

프랑스 사람들은 일인당 평균 일 년에 45파운드(대략 20kg) 정도의
프로마주를 소비한다. 이 프로마주가 프랑스인의 주식이라고 해도
과언이 아니다. 그래서 프랑스를 방문하
게 되면, 각 지역의 프로마주들을 골고루
맛보는 것도 좋은 생각이다. 프랑스에는
무려 400여 가지 종류의 프로마주가 있
다. 우유(젖소, 염소, 암양 등)의 성분에 따
라서, 또는 저온살균 여부에 따라서 프로
마주가 여러 가지로 분류되어 있다. 단단
하게 응고된 프로마주와 부드러운 것, 또
푸른곰팡이가 핀 블루치즈 등이 있다. 프
랑스의 유명한 프로마주로는 브리, 카망
베르, 로크포르 등이 있다.

▼ 프랑스 각 지역의 다양
한 치즈 분포도

▲ 프랑스의 빵가게 블랑
주리(左), 크루아상과
커피(右)

빵과 파티스리(케이크)

프랑스에서는 거의 모든 사람들이 블랑주리(빵가게)에 가서, 하루 일용할 양식인 그날 갓 구운 신선한 빵을 산다. 빵을 사기 위해 빵가게 앞에 사람들이 길게 줄 선 모습은 프랑스에서 매우 낯익은 풍경이다. 빵은 과일 잼이나 초콜릿, 프로마주와 함께 먹는다. 아침에는 보통 크루아상이나 '팽 오 쇼콜라(초콜릿 빵)'를 커피와 함께, 저녁에는 식사와 포도주를, 바구니에 잘게 썰어 놓은 바게트 조각과 곁들여 먹는다.

뱅(포도주)

프랑스의 어느 지역을 가도, 소위 뱅vin을 생산하지 않는 지역이 없다. 포도주는 아침을 제외한, 거의 매 식사 때마다 나온다. 프랑스는 유럽 제일, 아니 세계 제일의 포도주 소비국이며, 제2위의 포도주 생산국이다.[74] 프랑스 샹파뉴 지역에서 생산되는 샴페인, 샤

---

74) 유럽 제일의 포도주 생산 국가는 이탈리아다.

르도네Chardonnay, 메를로Merlot, 부르고뉴 산 포도주 등이 특히 유명하다. 프랑스는 이 포도주 산업으로 대략 연간 9억 달러 정도의 이윤을 내는 것으로 알려져 있다.

아주 유명한 프랑스 요리

코코뱅이나 크레이프가 지극히 평범한 프랑스 요리라면, 트뤼플(송로버섯)이나 푸아그라(거위간 요리), 에스카르고(달팽이 요리) 등은 매우 값비싼 고급요리에 속한다.

▲ 프랑스 뱅(포도주)의
분포도

트뤼플(송로버섯)

송로버섯은 숲속의 나무 아래서 자라는, 톡 쏘는 맛의 균류버섯의 일종이다. 송로버섯은 세계 각지에 분포해 있지만, 프랑스의 송로버섯 요리가 제일 유명하다. 그러니 이 송로버섯은 프랑스 셰프에게 맡기는 것이 최상의 선택이다.

야생으로 자라는 송로버섯은 좀처럼 찾기가 어렵기 때문에, 가격도 매우 비싸다. 1994년에 미국에서 검정 송로버섯은 파운드당 350~500달러에 팔려 나갔다. 유럽에서는 주로 이탈리아나 프랑스 등지에서 많이 자생하고 있다. 프랑스나 이탈리아의 송로버섯 채취꾼들은 땅 속에서 자라는 이 검은 보석을 찾기 위해, 돼지나 특수한

▶ 송로버섯 채취꾼. 돼지의 예민한 후각을 이용해서 송로버섯을 찾고 있다.

잡종견을 이용한다. 그런데 그들은 돼지보다는 개를 선호한다. 그 이유는 돼지가 송로버섯을 먹는 것을 무척 좋아하기 때문이다. 그래서 일단 돼지가 송로버섯의 위치를 발견하면, 지팡이를 사용해서 강제로 돼지를 뒤로 물러서게 한다.

푸아그라(거위간 요리)

푸아그라는 위관胃管 영양법을[75] 통해 살찌운 오리나 거위간 요리이다. 이러한 위관 영양법은 동물복지를 무시한 처사이며, 또 잔인한 강제성을 띠기 때문에 위관 영양법이나 푸아그라의 소비 자체를 금하는 국가들도 있다. 그래서 미래학자들은 21세기에 지구상에서 사라질 품목 가운데 하나로 이 푸아그라를 꼽는다.

다른 유럽국가나 미국, 심지어 중국에서도 이 푸아그라를 생산·소비하고 있지만, 프랑스는 단연 세계 제일의 푸아그라 소비국이며 생산 국가이다. 2005년에 프랑스는 18,450톤의 푸아그라를 생산했다. 이는 전 세계 생산량(23,500톤)의 78.5%에 해당된다. 이 중에서 96%가 오리간이며, 나머지가 거위간이다. 2005년 프랑스의 푸아그라 소비는 19,000톤이었다. 프랑스 푸아그라 산업의 종사자는 약

---

75) 위에 삽입된 고무관 등으로 강제적으로 영양공급을 시키는 것을 가리킨다. 이러한 위관 영양법은 고대 이집트까지 거슬러 올라간다.

30,000명이다. 그중에 90%가 페리고르 Périgord나 미디-피레네Midi-Pyrénées 지역 또는 알자스 지방에 거주하고 있다.

에스카르고(달팽이 요리)

에스카르고는 보통 프랑스나 프랑스 레스토랑에서 식욕을 돋우는 애피타이저로 제공된다. 에스카르고escargot는 프랑스어로 달팽이를 가리킨다. 그러나 그렇다고 해서 모든 달팽이가 식용이 되는 것이 아니며, 설사 식용이라고 해도 어느 정도 굵기를 만족해야 요리가 가능하다. 세계적으로 유명한 달팽이는 크기가 40~45mm 정도 되는 프랑스 부르고뉴 지방의 달팽이다. 프랑스가 자랑하는 대표적인 부르고뉴

▲ 푸아그라(거위간 요리) (上), 에스카르고(달팽이 요리)(下)

달팽이 요리escargot de Bourgogne는 단단한 달팽이 껍데기 안의 속살을 버터와 갖가지 향초香草로 양념해 껍데기째 구워 낸 명품 요리이다.

프랑스의 요리용어

플랑베(flambé)

▶ 크레이프 플랑베
(crêpe flambée)

고기, 생선, 과자에 브랜디를 붓고 불을 붙여 눋게 한 요리다. 활활 타는 불에다 태우거나 또는 그을린 것이나 식당 서비스 차원에서 셰프가 고객 앞에서 알코올을 열원으로 음식을 직접 조리하는 것을 말한다. 조리 중간에 브랜디나 향이 좋은 리큐어를 조리음식에 뿌리면, 열에 의해 증발하는 술의 증기에 불꽃이 장관을 이룬다.

소테(sauté)

적은 기름이나 버터 등으로 살짝 튀긴 요리 고기나 채소류를 기름, 버터 등으로 볶거나 또는 굽는 서양요리 조리법의 일종. 고기의 경우는 두꺼운 프라이팬 또는 평평한 냄비에서 한 조각으로 자른 소·양·돼지고기나 닭고기, 메추라기 등을 볶아서 굽는다. 소테한 고기는 그대로 이용하는 경우도 있지만, 소스를 발라 살짝 삶아 마무리하는 경우가 많다. 대표적인 것으로 비프 스테이크가 있다. 채소는 삶은 감자, 강낭콩, 어린 양배추 등을 버터로 볶아 소금, 후추로 조미하고, 생선·고기요리에 곁들인다.

에뮐시옹(émulsion)

마요네즈의 원리처럼 두 가지 섞이지 않는 액체를 달걀 노른자
같은 유화제로 섞이게 하는 것이다.

쥘리엔(Julienne)

야채를 매우 잘게 썰어 놓
은 것을 가리킨다.

◀ 쥘리엔 드 카로트
(Julienne de carottes)
는 홍당무를 잘게 채 썰어
놓은 것이다.

식도락에 관한 명언

모름지기 전문가에게 식도락이란 40세 이전에 갖기 어려운 정열이다.

- 루이 드 퀴시(Louis de Cussy)

오래된 병 속에는 좋은 포도주가 들어 있다. 그러나 거기에는 과거의 무언가가 고요히 잠들어 있다. 누군가 병마개를 열면, 햇빛이 다시 부활한다. 어떤 감동 없이는 보내기 어려운 순간이다.

- 레옹 아브릭(Léon Abric)

국제적으로 유일하게 가능한 동맹entente은 식도락 동맹이다.

- 레옹 도데(Léon Daudet)

식도락은 행복을 창조하기 위해 음식을 이용하는 예술이다.

- 테오도르 젤딩(Theodore Zeldin)

프랑스인은 사랑의 식도락가이고, 영국인은 사랑의 집행자이다.

- 피에르 다니노(Pierre Daninos)

포도주가 없는 식도락 문화는 없다.   - 줄리아 쉴드(Julia Child)

식도락의 물질적 주제는 모두 먹을 수 있는 것들이다.

- 브리아-사바랭(Jean Anthelme Brillat-Savarin)

식도락은 만인의 기쁨이며, 아름다운 정신을 제공한다.

- 샤를 몽스레(Charles Monselet)

좋은 포도주와 고량진미는 식도락의 감성을 기쁘게 해준다.

- 앙토냉 카렘(Antonin Carême)

식도락은 신앙의 고백이다.

- 폴 카르벨(Paul Carvel)

식도락이란 예술은 따뜻한 예술이다. 식도락은 언어의 장벽을 넘어서 문명인들을 우정 어린 친구로 엮어주며, 가슴을 훈훈하게 덥혀준다.

- 사뮈엘 샹브르랭(Samuel Chamberlain)

물은 갈증을 해소할 수 있는 유일한 음료다. 바로 그 때문에 사람들은 오직 최소량의 물을 마신다.   - 브리아-사바랭(Jean Anthelme Brillat-Savarin)

오직 물만 마시는 사람은 동료들에게 무언가 숨겨야 할 비밀이 있는 사람이다."

- 『악의 꽃』의 시인 샤를 보들레르(Charles Pierre Baudelaire)

나는 별들을 마시노라!

- 거품 이는 샴페인을 처음으로 맛보면서, 동 페리뇽(Dom Perignon)

나는 승리했을 때 샴페인을 마신다. 이를 기념하는 의미에서. 그러나 나는 졌을 때도 샴페인을 마신다. 나 자신을 스스로 위로하기 위해서.

- 나폴레옹 보나파르트(Napoleon Bonaparte)

시장이 반찬이다.

- 프랑스 속담

부르고뉴 포도주는 왕들을 위해, 샴페인은 공작부인들을 위해, 클라레(보르도 적포도주)는 젠틀맨을 위하여!

- 프랑스 속담

부르고뉴 포도주는 가장 포도주다운 포도주이다. 그것은 중심이고 본질적이며 전형적인 포도주이다. 또한 모든 지상에 있는 포도주의 공동 척도이며, 포도주의 영혼이다.

- 찰스 에드워드 몬태귀(Charles Edward Montagu)

참·고·문·헌

Achard, Robert. *Le roman historique de la gastronomie européenne: du croissant fertile oriental au croissant gourmand occidental* (Paris: Êditions des Êcrivains, 2002).

Brown, Becky. *A Table! The Groumet Culture of France* (Canada: Focus Publishing/ R. Pullins Company, 2010).

Escopier, A. *Le Guide Culinaire* (Paris: Aramnd Colin, 1902)

Ferniot, Jean & Jacques Le Goff, *La Cuisine et la table: 5000 ans de gastronomie* (Paris: Seuil, 1986).

Gottschalk, Alfred. *Histoire de l'alimentation et de la gastronomie depuis la préhistoire jusqu'à nos jours* (Paris: Editions Hippocrate, 1948).

Guy, Christian. *Histoire de la gastronomie en France* (Paris: Nathan, 1985).

Ory, Pascal. *Le Discours gastronomique français des origines à nos jours* (Paris: Gallimard: Julliard, 1998).

LSR, Pierre de Lune, Audigier, L'art de la Cuisine Française au XVIIe Siècle (Paris: Payot, 1995).

Toussaint-Samat, Maguelonne. Histoire de la Nourriture (Paris: Larousse-Bordasse, 1997).

Wheaton, Barbara Ketcham. L' Office et la Bouche Histoire des Moeurs de la Table en France 1300-1789 (France: Calmann-Lévy, 1984).

Cuisine à la Française Un Patrimoine à Partager, http://www.cuisinealafrancaise.com/fr.